Zum Vorliegenden Buch und dem Autor

Der Stirlingmotor fasziniert immer wieder. Er läuft allein durch die Anwesenheit von zwei Temperaturniveaus, ja, er kann sogar ein richtiges Drehmoment daraus generieren.

Dieses Buch greift das Thema Stirlingmotor von der maschinenbautechnischen Seite auf. Grundlegendes Wissen, praktische Tipps und klare Abgrenzungen findet man auf den folgenden Seiten. Außerdem fließen hier neue Erkenntnisse und Konzepte ein.

Tim Lohrmann war 20 Jahre lang in vier verschiedenen deutschen Firmen mit der Entwicklung von Stirling- und Ridermotoren betraut.

Auf der Internetseite stirling-und-mehr.de, die seit 2012 online steht, fasst der Maschinenbauingenieur seine Erfahrungen in diesem Entwicklungsbereich zusammen.

Vorliegendes Buch baut auf die Internetseite auf, ergänzt sie und rundet das Thema ab.

Dieses Buch gehört:

Tim Lohrmann

Stirlingmotor und mehr

Erfahrungen und Konzepte aus mehr als 20 Jahre Stirlingmotor-Entwicklung

Das Buch zur Internetseite stirling-und-mehr.de

tredition®
www.tredition.de

Inhaltsverzeichnis

Die erste Generation von Stirlingmotoren

Die Geschichte des Stirlingmotors beginnt in Schottland und mit der Dampfmaschine. Im zweiten Jahrzehnt des 19. Jahrhunderts sollte auch hier der Fortschritt in den Kohlebergbau einziehen. Dieser „Fortschritt" bestand aus einer dampfmaschinen- angetriebenen Wasserkunst mit einer langen Kette. An dieser Kette hingen in regelmäßigen Abständen von etwas mehr als 2 m Seile mit Eimer. Arbeiter schütteten volle Eimer, die von unten kamen in ihre Becken und hängten die Eimer wieder zurück an die Kette. Dann kamen von oben die leeren Eimer, die in die Becken getaucht und so gefüllt wurden. Schließlich zog der „Dampfhammer" die Kette mit den vollen Eimern eine Etage weiter nach oben und das Ganze fing von vorne an. Das Wasser wurde so stufenweise nach oben gefördert. Je nach Schachttiefe standen bis zu 30 Arbeiter übereinander an der Kette.

Die Sache hatte nur einen Hacken,

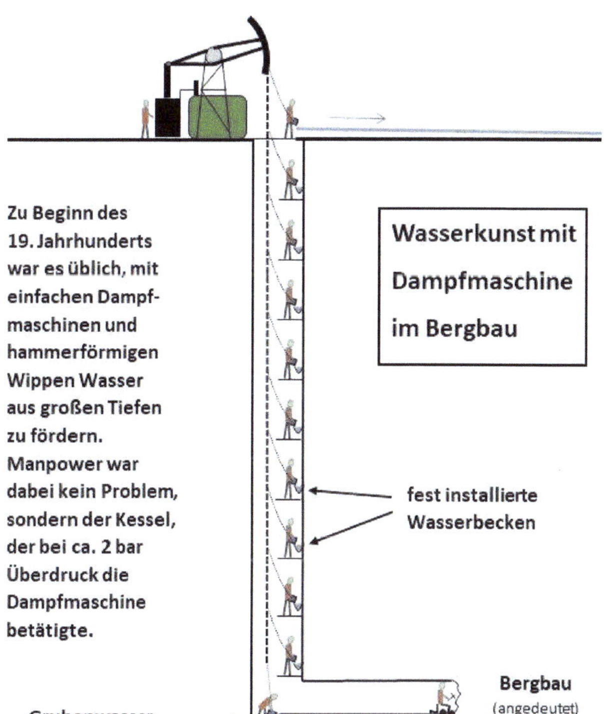

der Kessel der Dampfmaschine explodierte nach ca. 2 Jahren, wobei viele der Arbeiter, der Maschinist und der Heizer starben oder ihr Leben lang durch die Verbrühungen gekennzeichnet waren. Die Ursache der Explosionen waren Materialprobleme der Kesselbleche aus Messing. Diese waren noch nicht geschweißt oder genietet, sondern gefalzt, wobei Lederstreifen zur Dichtung in die Falze gelegt wurden. Dass

Messing kriecht, war noch nicht bekannt und kriechfestes Metall wie Edelstahl gab es noch nicht. Die Falzungen gingen allmählich auf und schließlich gab es eine tötliche Explosion.

Robert Stirling 1790-1887, damals Mitte Zwanzig und von Beruf Vikar in der Anglikanischen Kirche, hatte einen Freund, der Bergwerksbesitzer war. Robert soll zu ihm gesagt haben: „Diese Teufelsmaschine kommt nicht in unseren Pfarrbezirk, ich baue dir eine andere Maschine, die nicht explodieren kann". So erfand er,

gewissermaßen als Abhilfsmaßnahme den nach ihm benannten Stirlingmotor mit einem Arbeitskolben und einem Plunger, wie er ihn nannte. Später wurde der Name dieses Maschinenelementes in Displacer, zu Deutsch Verdränger umbenannt. Sein Bruder James war von Beruf Maschinenbauer. Er hatte das technische Knowhow und wusste, wie man ein solches Projekt angeht.

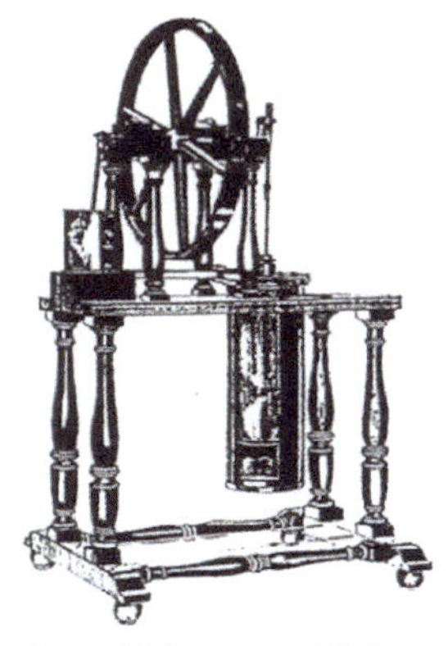

Erster Stirlingmotor 1815

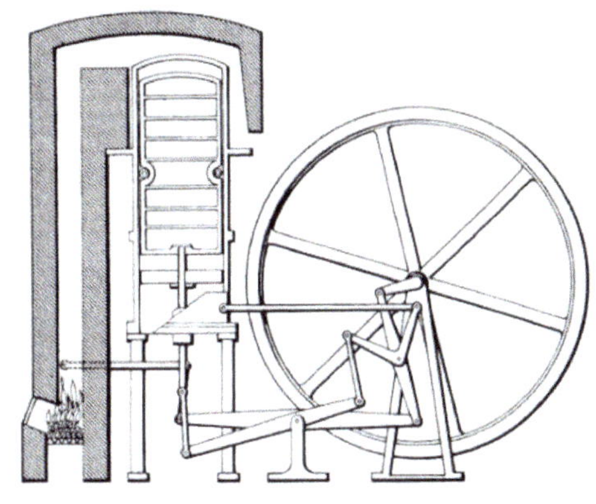

Zweiter Stirlingmotor (Patentzeichnung 1816)

Sie bauten zunächst eine nähmaschinengroße Version eines Gamma-Typs, danach einen Beta-Typ, der mit Kohle beheizt wurde. Ein solcher Stirlingmotor diente dann auch tatsächlich zur Entwässerung von Kohlegruben. Bis zum ersten Weltkrieg gab es in Grossbritannien 90 000, im sonstigen Europa 30 000 und in den USA ca. 50 000 Stirlingmotoren, zusammen 170 000, alles Beta- und Gamma-Typen. Die Anwendungen neben der Entwässerung von Kohlebergwerken waren vielfältig: Die größten Stirlingmotoren trieben Transmissionswellen in Fabrikgebäuden an. Stirlingmotoren mittlerer Baugrößen trieben Pumpen und jede Art von landwirtschaftlichen Geräte an. Kleine Stirlingmotoren trieben Blasebalke für Schmiedeessen und Orgeln an, aber auch Nähmaschinen, Wasserspiele und Drehteller, auf die man Weihnachtsbäume stellen konnte. Alle Maschinen der ersten Generation hatten eine Tropföl-Schmierung und ein offenes Getriebe.

Fotos von großen Motoren existieren nicht mehr. Aber anhand der Treppe dieses Blech-Spielzeugs aus der Jahrhundert-Wende kann man die schiere Größe des Originals ermessen

Die zweite Generation

Öl ist - wie man früher sagte - die Seele der Maschine. Daran schien auch in der zweiten Generation der Stirlingmotoren kein Weg vorbei zu führen. Doch bei der zweiten Generation von Stirlingmaschinen ging man zur Drucköl-Schmierung über. Wie bei Automotoren wird das Öl verteilt bzw. im Inneren des Kurbelgehäuses verspritzt.

Inzwischen war der Stirlingmotor durch den Benzinmotor und den Elektromotor ersetzt. Die Erfindung von kriechfestem Edelstahl eröffnete neue Maßstäbe. Dichtungen aus Gummi ermöglichten plötzlich abgedichtete Zylinder und Gehäuse. Die größte Innovation der zweiten Generation von Stirlingmotoren bestand

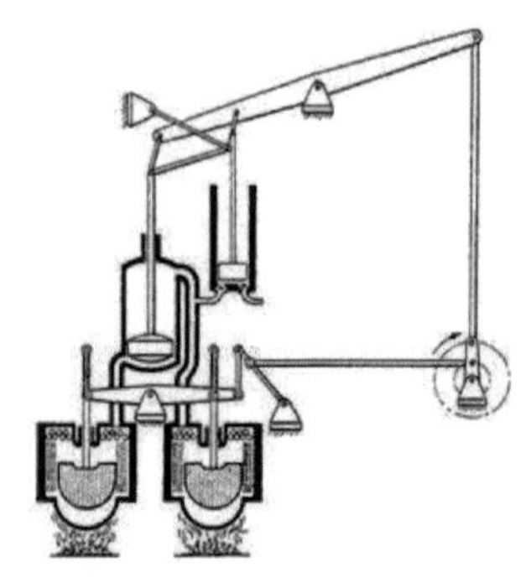

Doppelwirkender Stirlingmotor mit Auflade-Pumpe 1827

darin, den

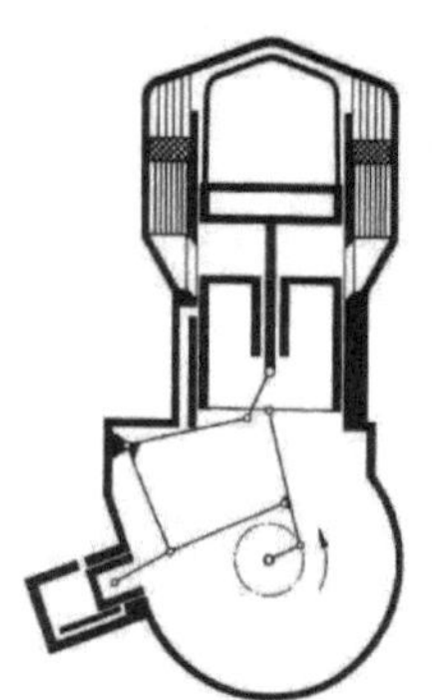

Motor mit Überdruck zu fahren. Man wusste zwar schon aus Experimenten, die annähernd hundert Jahre alt waren, dass durch eine solche Aufladung ein Vielfaches an Leistung aus einem Stirlingmotor herauszuholen war, aber nun hatte man die Heißteil-Materialien und Gummidichtungen, um diesen Schritt praktisch umsetzen zu können. Außerdem entdeckete man, dass Helium und Wasserstoff als Arbeitsgase eine höhere Drehzahl und damit erneut höhere Leistung bewirkten.

1937 begann die Firma Philips in den Niederlanden mit einer entsprechenden Entwicklung von Stirlingmotoren. Auf Seite 10 die Konzept-Zeichnung eines luftgeladenen Stirlingmotors. Der Schnüffelkolben llinks unten arbeitet ohne Ventile. Das Getriebe ist nur angedeutet.

1953 fing Philipps an, den Motor 102c zu produzieren, der für Röhren-Radios eingesetzt werden sollte. Markenzeichen dieses Aggregates mit integriertem Generator war der große Tragrahmen aus gebogenen Stahlrohren. Doch dann kam das Transistor-Radio mit einem viel kleineren Energiebedarf auf den Markt. Dieses Radio benötigte nur noch einen kleinen Batterieblock. So wurde die Produktion dieses Stirlingmotors wieder abgebrochen.

Quelle: Philips Company Archives

Der leistungsstärkste Stirlingmotor der zweiten Generation war im Jahr 1958 der Thermomotor mit der Bezeichnung 360-15 und einer Leistung über 200 kW. Kein Stirlingmotor der dritten Generation ist bisher an diese Leistung herangekommen. Dieser Motor war wieder ein Beta-Typ.

In der weiteren Entwicklung von Heißgasmotoren bei anderen Firmen rückte dann das Problem des Ölnebels im Erhitzer in den

Mittelpunkt. Ruß konnte man für Maschinen, die tausende von Stunden laufen sollten, nicht gebrauchen. Ruß ist eine der besten Wärmeisolatoren, und das an einem Wärmeübertragungs-Element! Man begann, an der Rückseite der Arbeitskolben Kolbenstangen zu montieren und diese durch Stopfbuchsen zu führen. Schnell konzentrierten sich die Entwicklungsarbeiten auf diese Stopfbuchsen, die das Öl abstreifen sollten. Außerdem sollten sie dichten, denn man wollte das Leistungsgewicht noch weiter absenken – von bisher 80 kg/kW auf 30 kg/kW, indem man das Gehäuse unter einen niedrigeren Druck als der Mitteldruck im Arbeitsraum setzte und damit Gewicht bei den Gehäusewandungen einsparen konnte. Bald waren die Stopfbuchsen das aufwändigste und teuerste Element am Stirlingmotor. Aber man bekam den Ölnebel wenigstens aus dem Arbeitsraum heraus und damit einen völlig trockenlaufenden Motorteil. Normale Kolbenringe konnte man nun in diesem trockenen Milieu nicht mehr verwenden. So ging man auf Teflonringe an den Kolben über. Der Gedanke, dass vielleicht der ganze Motor in einem trockenen Milieu laufen könnte und man gar keine Ölabstreifringe mehr benötigt, eröffnete schließlich das Fenster zur dritten Generation von Stirlingmaschinen.

Die dritte Generation

Seit den 80-iger Jahren gibt es nur noch Neukonzeptionen der dritten Generation. Wie bei modernen Elektromotoren besitzen diese Stirlingmaschinen nun geschlossene und fettgefüllte Wälzlager. Damit brauchte man endlich keine teuren und sensiblen Stopfbuchsen mehr.

Die Querkräfte, die durch die Schiefstellung am Pleuel entstehen und die früher durch ein seitliches Ölpolster am Kolben oder einen Kreuzkopf aufgefangen wurden, müssen jetzt über Anlenkhebel minimiert werden. Teflonbandagen an den Arbeitskolben, die schon bei den Maschinen der zweiten Generation eingesetzt wurden, übernehmen die restlichen Querkräfte (unter 2%). Auch die Kolbenringe bestehen bei diesem extremen Trockenlauf wieder aus einem Teflon-Verbundwerkstoff, diesmal mit Kohlefasern.

Die Wälzlager werden – wie schon gesagt – mit Fett gefüllt. Da die Laufflächen-Temperatur 50K über dem Kühlwasser liegen, wird Fett eingesetzt, das bei Raumtemperatur noch fast fest ist und erst bei 80°C allmählich Grundöl abgibt. Damit sind Testläufe bis 3000 Stunden ohne Nachschmieren möglich. Wenn man alle 500 Stunden Fett nachfüllt – vor allem an den Lagern auf der Welle und der Kurbel – sind Le-

bensdauer über 10.000 Stunden nachgewiesen und weit über 20.000 Stunden vorstellbar. Damit sind Stirlingmotoren nach heutigen Maßstäben durchaus verkaufbar. Eine Wartung fällt – wenn überhaupt – außen am Erhitzer an, vor allem bei Holzpellets- oder Hackschnitzel-Feuerung. Rechts das Bild des trockenlaufenden Stirlingmotors LG1-100 von Mayer&Cie. mit 2,7 kW elektr. Leistung. Dieser erdgasbefeuerte Prototyp wurde aus betrieblichen Gründen nach 10300 Stunden bei sauberen Lagerflächen abgestellt. Wir werden bei den Komponenten des Stirlingmotors in diesem Buch ausführlich über die trockenlaufenden Kolbenbandagen und Kolbenringe, die Anlenkhebel und das Fett zu sprechen kommen.

Die geschichtliche Entwicklung der Stirlingmotoren der dritten Generation war leider sehr holprig. Manche der Getriebe waren ziemlich anspruchsvoll. Oft haben Patente die Entwicklungen gehemmt statt gefördert und viele Firmen konnten die Entwicklung aus finanziellen Gründen nicht zu Ende führen. Leider hat sich keiner der Motoren am Markt durchgesetzt.

Der St 05 G (links unten) wurde von Dieter Viebach als Gussbausatz mit komplettem Zeichnungssatz und Bauanleitung verkauft. Einige Firmen und zahlreiche Einzelpersonen bauten diesen Stirlingmotor, zumal eine Belohnung für denjenigen ausgesetzt war, der 0,5 kW Leistung erreichte.

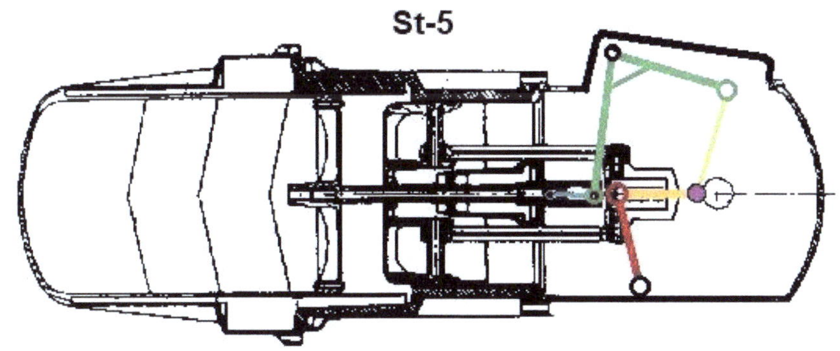

Der St-5 (nächste Seite oben) wurde in den USA konzipiert und dann in Kleinserie in Indien gebaut. Dabei wurde aber leider keine Qualitätskontrolle durchgeführt, so dass die Motoren bald nicht mehr gebaut wurden.

Von dem Beta-Typ (unten rechts) wurden 25 Stück von der Firma Ecker gebaut. Auch dieser Motor hatte nur eine kurze Lebensdauer, da das Getriebe mehrfach überbestimmt war. Erst der LG1-100 von Mayer&Cie. konnte mit einer höheren Lebensdauer aufwarten, wie gesagt 3000 Stunden ohne Nachschmieren und über 10 000 Stunden mit Nachschmieren. Die Testläufe dieser Maschine wurde we-

gen einer drohenden Insolvenz im Kerngeschäft der Firma abgebrochen.

Soviel zu den Stirlingmotoren der dritten Generation mit rotierendem Kurbeltrieb.

Und dann gibt es noch eine weitere Variante der Möglichkeiten, die Querkräfte an den Kolben zu minimieren, indem man die Kolben auf Federn setzt (zum Teil auch Gasfedern). Statt einem Kurbelgehäuse schwingen die Kolben frei hin- und her. Der Arbeitskolben wird mit einem Linear-Generator starr gekoppelt. Diese Freikolben-Stirlingmotoren funktionieren tatsächlich, geben aber nur bei einer bestimmten Frequenz eine bestimmte elektrische Leistung ab, ohne dass Lastwechsel möglich sind. Die Wirkungsgrade sind wegen der hohen Frequenz bescheiden. Anfangs gab es oft Probleme mit den Federn, die geringe Dauerfestigkeit der Federn setzte die Lebensdauer des gesamten Aggregates herunter. Es ist gut möglich, dass der Freikolben-Stirlingmotor am Markt bald eingeführt wird, weil er wegen der wenigen Bauteile preisgünstig hergestellt werden kann.

Nur als Kältemaschine konnte sich die Stirlingmaschine bereits durchsetzen. In Infrarotkameras findet man sie heute oft. Die meisten dieser Kälteaggregate werden militärisch genutzt. Die Anzahl beläuft sich auf mehrere Hunderttausend.

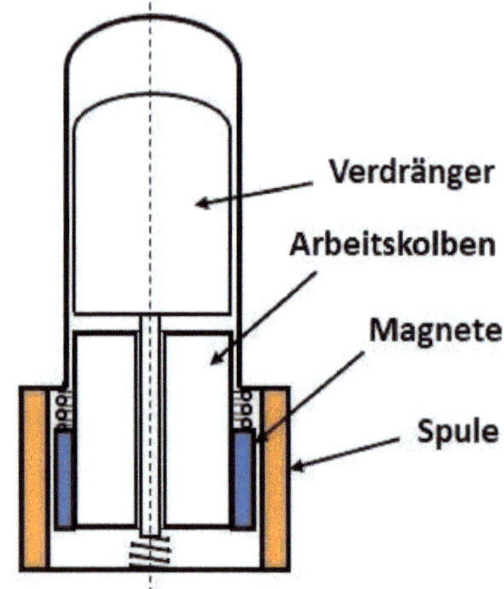

Einordnung des Stirlingmotors

Der Stirlingmotor gehört als Motor zu den Kraftmaschinen mit geschlossenem, oszillierenden Arbeitsmedium. Er ist außerdem eine Heißgasmaschine mit äußerer Verbrennung. Am engsten ist er mit dem Ridermotor verwandt, auch Alpha-Typ genannt. Dieser geht jedoch nicht auf die Gebrüder Stirling in Schottland zurück. Wenn man seine Spur verfolgt, kommt man nach Paris, der Hauptstadt Frankreichs und dort zur Akademie der Wissenschaften. Im Anhang werden wir uns ausführlich mit dem Alpha-Typ beschäftigen.

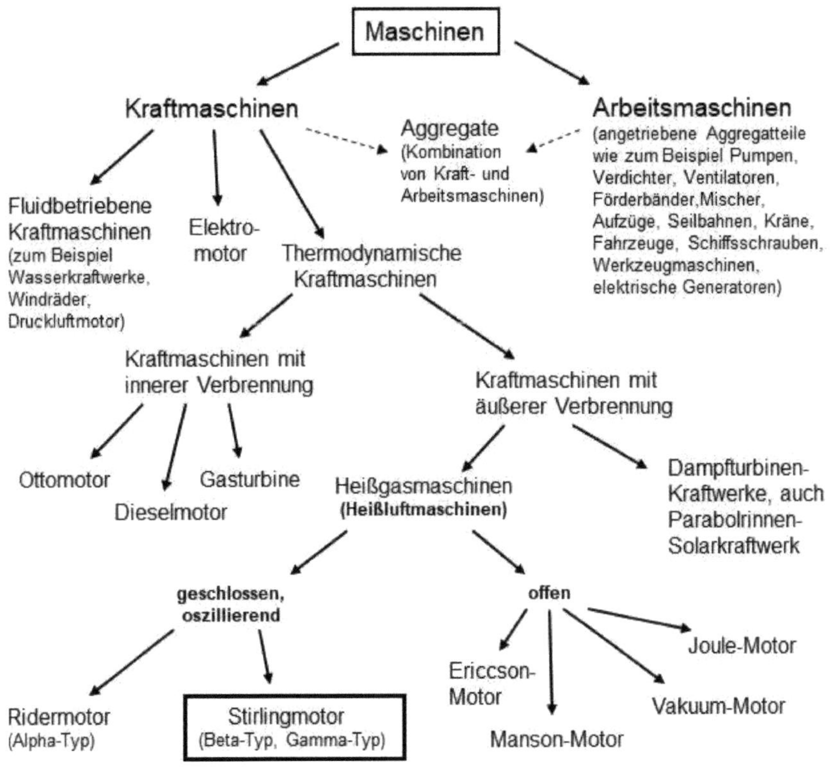

Die Vorteile des Stirlingmotors

Der Stirlingmotor ist im ausentwickelten Zustand wahrscheinlich immer noch ca. 20% teurer als der Verbrennungsmotor. Trotzdem könnte er diesem eines Tages einen harten Konkurrenzkampf bieten, da er einige Vorteile besitzt. Welche sind diese?

- Die Einfachheit – Gegenüber den Otto- bzw. Dieselmotoren, die in ihrer Entwicklungs-Geschichte immer komplizierter wurden, kommt der Stirlingmotor fast ohne Nebenaggregate und Abgasnachbehandlung aus.

- Konstantes Drehmoment – Bereits mit einem Zwei-System-Motor kann ein Stirlingmotor den Klirrfaktor eines 12-Zylinder-Dieselmotors erreichen.

- Die Geräuschentwicklung – Wenn der Stirlingmotor mit Querkraft-Entlastung, nahezu spielfreien Wälzlagern und Kolbenbandagen, sowie einem geräuscharmen Brennluft-Ventilator ausgestattet ist, sind die Geräuschemissionen niedriger als bei jedem Explosionsmotor. Einfach gekapselt kann er in jedes Einfamilienhaus integriert werden, ohne dass er nachts beim Schlafen stört.

- Die Vielstofffähigkeit – Der Stirlingmotor kann außer mit Erdgas auch mit Biogas, Holzgas, Klärgas und Deponiegas befeuert werden. Holzpellets und Holz-Hackschnitzel benötigen lediglich einen adaptierten Brenner.

- Bessere Abgase – Da der Stirlingmotor eine äußere Verbrennung besitzt, kann man die Flamme exakt steuern, so dass die CO- und NOx-Werte unter 5 ppm bleiben. Das ist unschlagbar. Abgase aus Motoren mit innerer Verbrennung stoßen ein Vielfaches dieser Mengen aus.

- Kein Schlupfgas – Bei erdgasbetriebenen Explosionsmotoren gibt es Randzonen im Zylinder, in denen das Erdgas nicht zündet. Es wird als sogenanntes Schlupfgas mit dem Abgas ausgestoßen und gelangt so in die Atmosphäre. Da Methan – Hauptbestandteil des Erdgases – einen um 25-fachen Treibhaus-Faktor wie CO_2 besitzt, sollte im Abgas kein Schlupfgas enthalten sein. Alle Blockheiz-Kraftwerke haben scheinbar aktuell dieses Problem. Im Abgas des Stirlingmotors ist dagegen kein Methan enthalten, da es als offene Flamme vollständig verbrennt.

- Die Langlebigkeit – Alle Explosionsmotoren müssen nach wenigen hundert Stunden wegen einem Ölwechsel gewartet werden, in größeren Interwallen Zündkerzen und Luftfilter, usw. Die Lebensdauer ist auf insgesamt 6000 Stunden begrenzt. Der Stirlingmotor dagegen kann nach heutigen Erkenntnissen auf über 30 000 Stunden ohne jede Wartung kommen, wenn er mit einer guten Querkraft-Entlastung, nahezu spielfreien Wälzlagern und Kolbenbandagen und einer automatischer Nachfettung der Hauptlager ausgerüstet ist. Lediglich bei Holzpellets-Befeuerung gibt es Wartungen am Erhitzer.

- Möglichkeit der Rekuperation – Im Motorbetrieb eilt der Verdrängerkolben dem Arbeitskolben voraus (z.B. + 70°). Wird dieser Phasenwinkel aber während des Laufes umgedreht, so dass der Arbeitskolben dem Verdrängerkolben vorauseilt (z.B. minus 70°), so speichert der Motor Schwungenergie in Form von Wärme. Fahrzeuge, die immer wieder anhalten müssen, werden so zu richtigen Energiesparern. Otto- und Dieselmotoren haben hier nichts zu bieten. Lediglich Elektrofahrzeuge verfügen über den gleichen Vorteil, indem sie Energie in die elektrische die Batterie zurückspeisen können, was wenigstens einige zigtausend Zyklen funktioniert.

Die Funktionsweise des Stirlingmotors

Bevor wir uns die Funktionsweise eines modernen Stirlingmotors anschauen, soll zum besseren Verständnis die Funktionsweise eines sehr langsamen Motors veranschaulicht werden:

1) (zwischen a und b)

Der Verdrängerkolben bewegt sich nach unten. An ihm vorbei strömt die Luft in den heißen Teil, erwärmt sich dabei und erzeugt einen höheren Druck als im Getriebe.

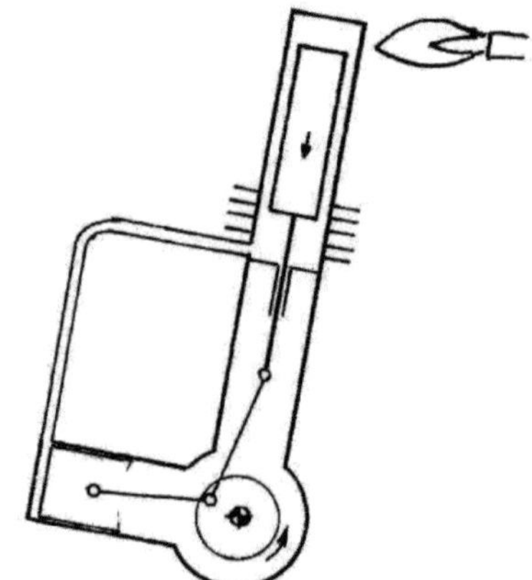

2) (zwischen b und c)

Der erhöhte Druck pflanzt sich im Kaltteil und im Überströmrohr fort und drückt den Arbeitskolben nach rechts: Die Kurbel wird ein erstes Mal angetrieben. Dabei sinkt der Druck auf das Niveau des Getriebedrucks.

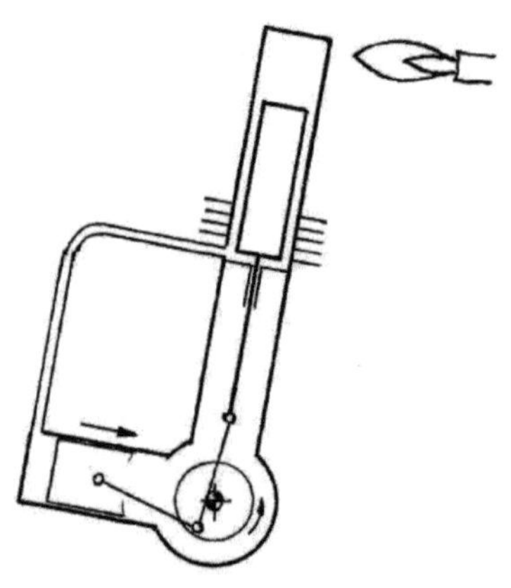

3)   (zwischen c und d)

Der Verdrängerkolben be-
wegt sich nach oben. Die heiße Luft gelangt in den kalten
Teil, wobei sie sich abkühlt
und ein Unterdruck gegen-
über dem Getriebe erzeugt
wird.

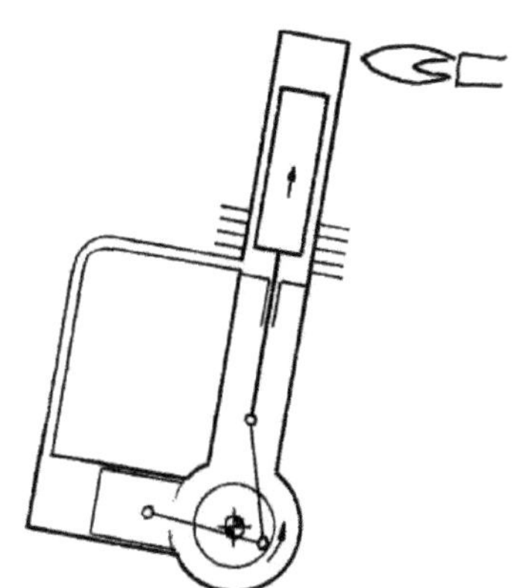

4)   (zwischen d und a)

Der Unterdruck pflanzt
sich im Überströmrohr fort
und saugt den Arbeitskolben
nach links: Die Kurbel wird
ein zweites Mal angetrieben.
Dabei erhöht sich der Druck
wieder auf das Niveau des
Getriebedrucks.

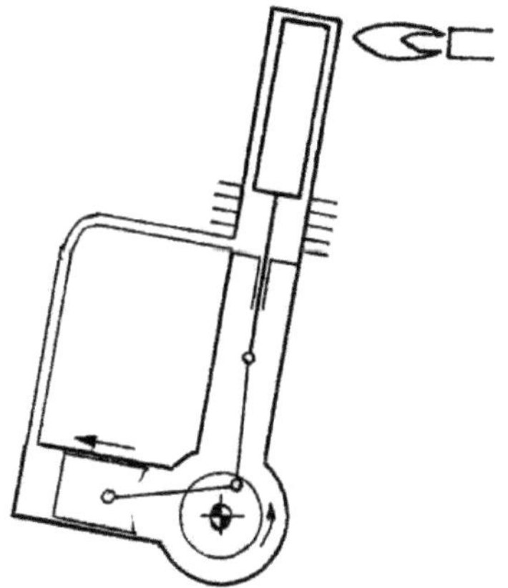

Ein langsam laufender Stirlingmotor besitzt also innerhalb einer
Kurbelumdrehung einen Drucktakt (b nach c) und einen Saugtakt

(d nach a). Beide Takte besitzen ein positives Drehmoment. Lediglich kurz vor den Totpunkten wird das Schwungrad benötigt.

Wer mit physikalischen Begriffen und dem pV-Diagramm etwas anfangen kann, dem sei gesagt, dass die oben aufgeführten 4 Phasen folgende Fach-Bezeichnungen tragen:

1)   Isochore Kompression (zwischen a und b)

2)   Isotherme Expansion (zwischen b und c)

3)   Isochore Expansion (zwischen c und d) und

4)   Isotherme Kompression (zwischen d und a)

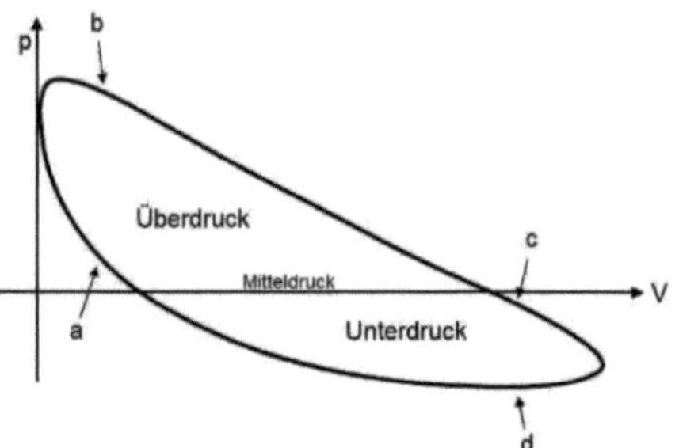

Das ist allerdings nur die halbe Wahrheit, denn die vier Phasen oben gelten wie gesagt nur für langsam laufende Stirlingmotoren, und heutige Stirlingmotoren laufen alles andere als langsam. Nur, was heißt langsam? Um diese Frage zu klären, müssen wir etwas tiefer in die Thermodynamik eintauchen.

Isotherme Kompression heißt, dass das tiefe Temperaturniveau des Gases durch eine Kühlung des Kompressionszylinders aufrecht gehalten wird, und zwar über die gesamte Dauer der Kompression hinweg.

Isotherme Expansion heißt, dass das hohe Temperaturniveau des Gases durch eine Erhitzung des Expansionszylinders aufrecht gehalten wird, und zwar über die gesamte Dauer der Expansion hinweg.

Die Frage ist, wie schnell kann ein Gas im Inneren eines Zylinders von außen nachgekühlt bzw. nachgewärmt werden? Tests haben ergeben, dass dies bereits bei 60 Umdrehungen pro Minuten nicht mehr ganz der Fall ist, wenn von einem Liter auf 0,5 Liter komprimiert wird. Bei kleineren Motoren, die von 100 cm³ auf 50 cm³ komprimieren, liegt dieser Punkt bei ca. 100 Umdrehungen pro Minute.

Komprimiert bzw. expandiert man schneller, so muss man eine Temperatur-Veränderung in Kauf nehmen, die das pV-Diagramm

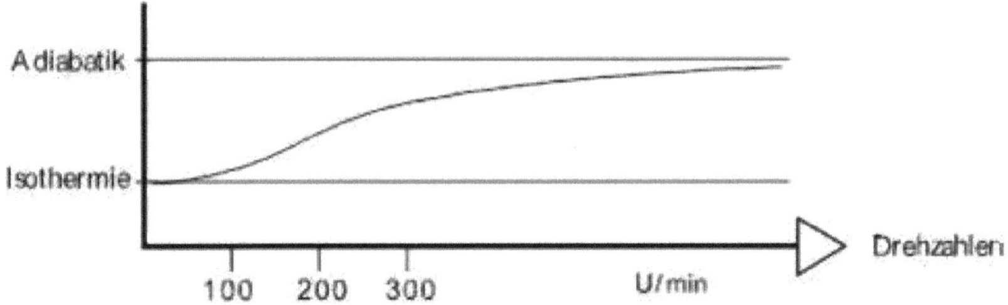

völlig verändert. Ab ca. 400 Umdrehungen pro Minute kann man deutlich von adiabatischen Zustandsänderungen sprechen.

Bereits die Stirlingmotoren das 19.Jahrhunderts liefen in dem Mischbereich. Seit 1937, als Philips damit begann, die Motoren aufzuladen, gibt es keine Leistungs-Stirlingmotoren mehr mit Drehzahlen unter 600.

Angesichts dieser Tatsache ist es nicht nachzuvollziehen, dass im Physikstudium und in der Fachliteratur der Stirling-Kreisprozess immer noch mit zwei isothermen Zustandsänderungen dargestellt wird.

Man könnte über die Affäre mit einem lächelnden Auge hinwegsehen, wenn es da nicht einen sehr ernsten Aspekt gäbe. Schaut man sich das neue pV-Diagramm mit den Adiabaten genauer an (nächste Seite), dann fällt auf, dass die Druckspitze auf der Überdruckseite fast doppelt so hoch ist. Dies bedeutet dann im Mittel, dass die Lagerstellen ca. 60% stärker belastet werden. Jede Mehrbelastung um 10% bewirkt aber bereits eine Lebensdauer-Reduktion um 27%. Bei der Mehrbelastung von 60% bleiben nur noch 20% der Lebensdauer übrig! Wehe, jemand legt seine Lager nach dem oberen und nicht nach dem unteren pV-Diagramm aus, dessen Firma bzw. Projekt wird scheitern! Aus diesem Grund ist es dringend notwendig, das pV-Diagramm mit Adiabaten in die Stirling-Fachwelt einzuführen.

Sinnvoll und zweckmäßig scheint es, die beiden Adiabaten jeweils noch einmal zu teilen, so dass unser neues pV-Diagramm sechs statt vier Phasen besitzt. Die Teilung ergibt sich durch den Mitteldruck im Gehäuse. Während bei langsam laufenden Stirlingmotoren die pV-Kurve bei Punkt b und d gleichzeitig auch durch den Mitteldruck geht, fangen bei modernen Stirlingmotoren die isochoren Zustandsänderungen erst deutlich später an. Die adiabaten Zustandsänderungen davor rufen ein negatives Drehmoment hervor. Sie bilden im unten abgebildeten pV-Diagramm die Strecken zwischen Punkt a und b und zwischen d und e.

Man nimmt diese negativen Drehmomente bei modernen Stirlingmaschinen in Kauf, weil der Zugewinn an Leistung sehr groß ist. Die hohen Drehzahlen machen diese Leistung möglich, und mit ihnen sehr gute Leistungsgewichte. Das bedeutet, dass die Motoren plötzlich kompakt werden. Aus den zum Teil haushohen Motoren des 19. Jahrhunderts sind handliche Aggregate geworden – ein großer Fortschritt!

Die 6 Phasen eines modernen Stirlingmotors

1) Adiabate Kompression (zwischen a und b) [negatives Drehmoment]

2) Isochore Kompression (zwischen b und c) [schwaches negatives Drehmoment

3) Adiabate Expansion (zwischen c und d) [positives Drehmoment]

4) Adiabate Expansion (zwischen d und e) [negatives Drehmoment

5) Isochore Expansion (zwischen e und f) [schwaches negatives Drehmoment]

6) Adiabate Kompression (zwischen f und a) [positives Drehmoment!]

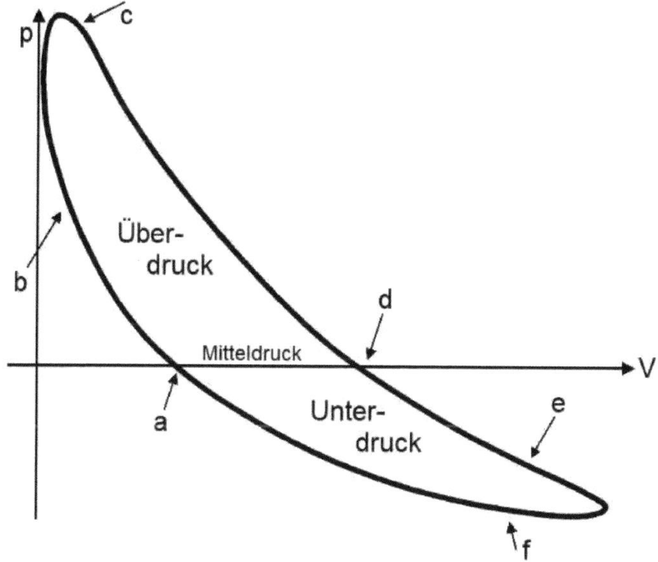

1)   (zwischen a und b)

Vom Schwungrad angetrieben komprimiert der Arbeitskolben das Arbeitsgas. Dabei wird Wärme frei, die nicht weggekühlt werden kann, wodurch der Druck zusätzlich steigt. Zu Beginn dieser Phase waren Arbeitsgas-Druck und Getriebedruck gleich, am Ende liegt der Arbeitsgas-Druck ca. 40% höher als der Mitteldruck im Getriebe.

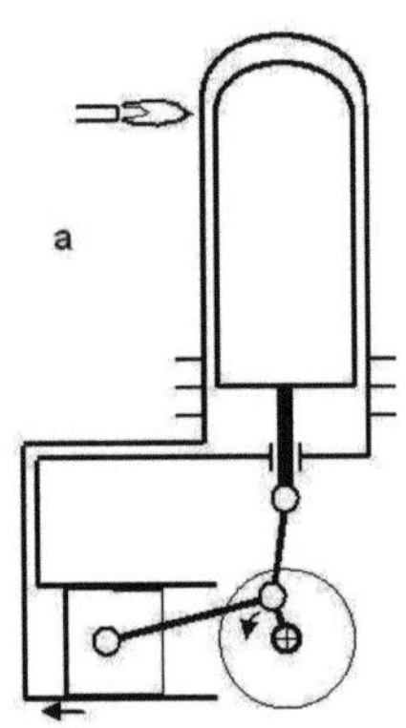

2)   (zwischen b und c)

Der Verdrängerkolben wird durch sein Kurbeltriebwerk nach unten bewegt. An ihm   vorbei strömt das Arbeitsgas in den heißen Teil, erwärmt sich dabei und erzeugt einen noch höheren Druck, der nun bei ca. 80% über dem Mitteldruck liegt. Diese Druckerhöhung pflanzt sich auch durch das Überströmrohr in den Arbeitszylinder fort.

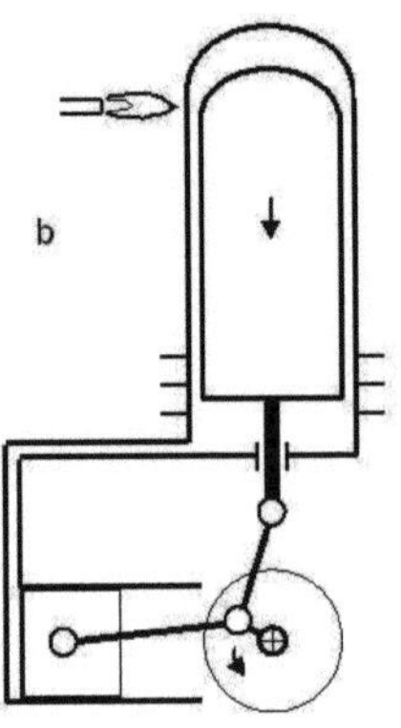

3)   (zwischen c und d)

Der Arbeitskolben wird durch den Überdruck in Richtung Getriebe gedrückt und treibt die   Kurbel an. Dabei verliert das Arbeitsgas seinen hohen Druck und kühlt merklich ab. Da es nicht schnell genug nachgewärmt werden kann, senkt die Abkühlung im weiteren Verlauf den Druck zusätzlich. Schließlich wird der Mitteldruck erreicht.

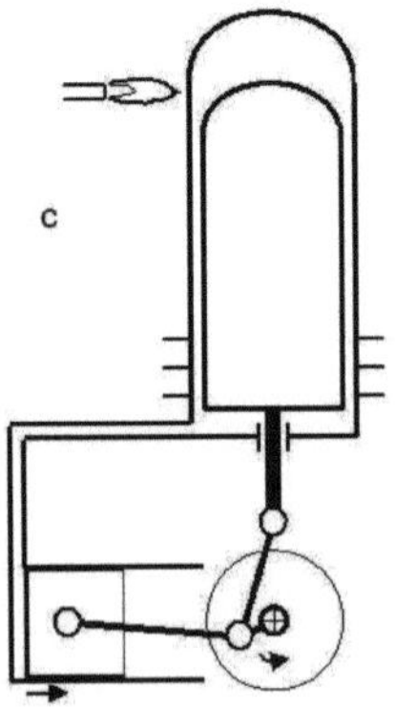

4)   (zwischen d und e)

Der Arbeitskolben wird durch das Schwungrad weiterbewegt. Wie bei einer Vakuumpumpe baut er nun einen Unterdruck im Arbeitsraum auf. Dabei kühlt sich das Arbeitsgas noch weiter ab. Am Ende dieser   Phase liegt der Druck bei ca. 75% des Mitteldrucks im Getriebe.

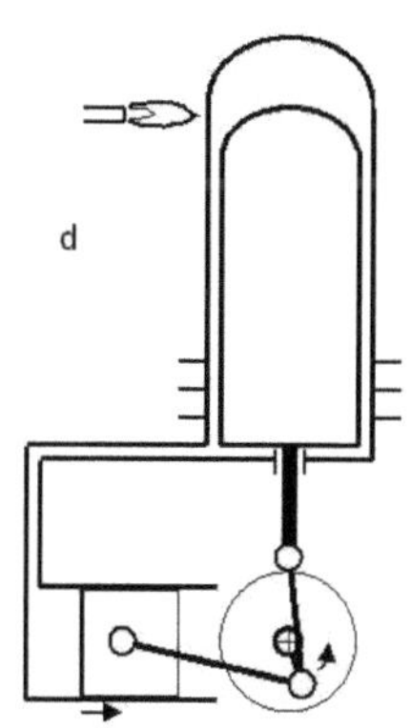

5)   (zwischen e und f)

Der Verdrängerkolben wird durch sein Kurbeltriebwerk nach oben bewegt. An ihm vorbei strömt das Arbeitsgas in den kalten Teil, kühlt sich dabei ab und erzeugt einen noch niedrigeren Druck, der nun bei ca. 60% des Mitteldruckes im Getriebe liegt.

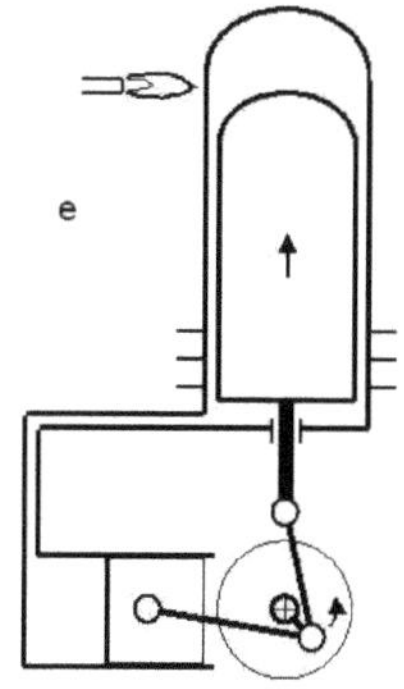

6)   (zwischen f und a)

Die letzte der sechs Phasen ist eine Unterdruck-Kompression. Der Unterdruck saugt dabei den Arbeitskolben an. Er bewegt den Kolben und das Pleuel, so dass die Kurbel ein zweites Mal angetrieben wird. Dabei nimmt der Unterdruck ab, bis wieder der Mitteldruck vom Getrieberaum erreicht ist.

Anschließend beginnt der Zyklus von vorne.

Wer tiefer in die Thermodynamik des Stirlingmotors eintauchen will, dem sei gesagt, dass sich dann keineswegs alle Fragen lösen, sondern das glatte Gegenteil ist der Fall. Der Kreisprozess des Stirlingmotors ist voller Überraschungen. Die oszillierenden Gasströmungen zum Beispiel werden kurz bevor sie in den Regenerator einströmen, scheinbar völlig unnütz beheizt bzw. gekühlt. Wissenschaftliche Auseinandersetzungen sind bei solchen Besonderheiten vorprogrammiert. Wir begnügen uns hier mit den Informationen, die für den Maschinenbau notwendig sind und überlassen den Rest den Akademikern.

Platz für eigene Anmerkungen:

Leistungsberechnungen

Das ist Stirling-Alltag: Teile fertigen, montieren, abdichten, Leistungsmessungen machen, wieder zerlegen und neue Variante einbauen. Jedes Mal in der Hoffnung auf ein paar Watt mehr. Jedes Mal in der Gewissheit, weitere Erfahrungen gesammelt zu haben.

Aber – so will man meinen – eigentlich müsste sich ein Stirlingmotor doch auch berechnen lassen. Schließlich ist er eine thermodynamische Maschine. Und schon werden mit viel Mathematik die Gasgesetze bemüht und Onkel Computer darf im High-Tech-Zeitalter natürlich auch nicht fehlen. Ja, es gibt sogar eine deutsche Software auf dem Markt, Prosa genannt (2500 €, über die Hochschule Reutlingen zu beziehen). Einfach die Parameter eingeben, auf die Return-Taste drücken – und schon ist das Ergebnis da, ja, wenn man will, sogar eine ganze Optimumkurve, einfach fantastisch. Dabei liegen die Abweichungen der modernen Programme zur Realität nur noch im Bereich von 5 % - wirklich ein Fortschritt.

Nur, wer hat das Geld für diese Software? Geht es nicht auch einfacher?

Schon in den 70-er Jahren gab es eine einfache Formel zur Leistungsberechnung. Sie enthielt nur drei Parameter und ist daher leider auch nicht sehr genau. Hier ist sie in europäische Maßeinheiten übertragen:

$P = 0,25 \times p \times V \times n$ darin:

P: Leistung in W (Watt); P: Auflade-Druck in bar absolut; V: Arbeitskolben-Hubvolumen in Liter; n: Drehzahl in U/min

Vater dieser empirischen Formel ist William Beale, Technischer Direktor der Firma Sunpower in den USA.

Beale hatte seine Formel für Stirlingmotoren aufgestellt, die mit 30°C kaltem Wasser gekühlt und mit über 600°C heißen Erhitzern geheizt wurden. Das Temperaturverhältnis (TV) betrug also 873K / 303K = 2,88. Da über 600 °C beheizt wurde, gehen wir im Folgenden von einem TV von 3 aus.

Möchte man eine Kraft-Wärme-Kopplung realisieren oder sogar mit niedrigeren Temperaturen am Erhitzer arbeiten, so muss man die obere Formel von Beale weiter verändern:

$$P = 0{,}125 \times p \times V \times n \times (TV - 1)$$
$$TV = \text{Temperaturverhältnis in Kelvin}$$

Die Beale-Zahl beträgt bei Einbeziehung des Temperaturverhältnisses den Wert von 0,125. Dies gilt für Motoren mit einem Phasenwinkel von 90° und einer Drehzahl von über 2000 U/min. Solche Drehzahlen können nur Helium-Motoren unter Volllast erreichen. Wir brauchen also weitere Korrekturfaktoren, um auch die Leistung eines einfachen Stirlingmotors berechnen zu können. Diese Korrekturfaktoren sind an die Formel anzuhängen.

$$P = 0{,}125 \times p \times V \times n \times (TV - 1) \times K1 \times K2$$

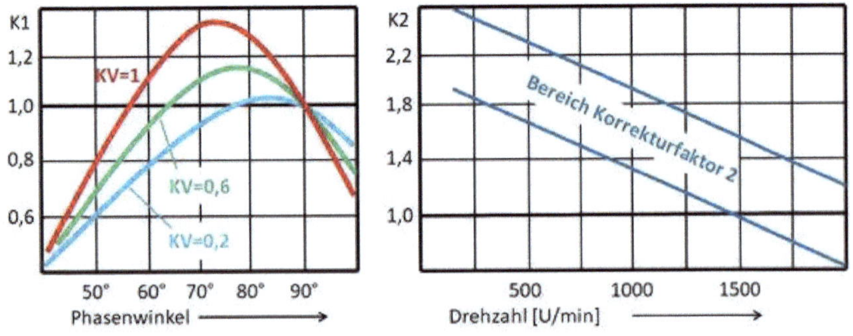

Schließlich soll gesagt werden, dass es fünf Bedingungen für die Anwendbarkeit oberstehender Formel gibt:

1. Der Stirlingmotor muss ein echter Stirlingmotor sein, kein Alpha-Typ
2. Die Dichtigkeit am Arbeitskolben muss einigermaßen gewährleistet sein, notfalls mit Kolbenringen
3. Öl zur Schmierung und Dichtung des Kolbens und der Kolbenstange sollte, wenn überhaupt, aus extrem leichtläufigem Öl oder noch besser einem Gemisch aus Öl und Petroleum bestehen
4. Die Regeneration muss nahezu vollständig sein (siehe Kapitel „Der Regenerator") und
5. Die Formel gilt nur für den aufsteigenden Drehzahl-Ast und das Leistungsmaximum, nicht für den hohen Drehzahl-Bereich eines Stirlingmotors Richtung Leerlauf.

Kennkurve eines Stirlingmotors mit kontinuierlicher Heizleistung

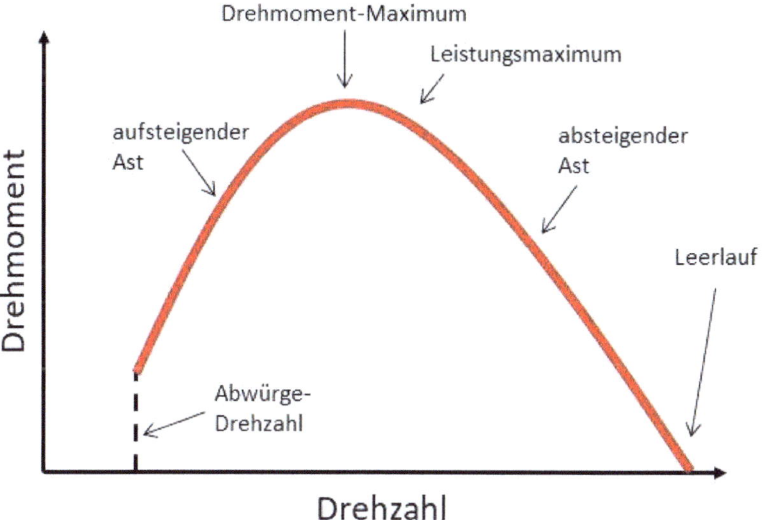

Stirlingmotoren mit diskontinuierlichem Verdrängerhub, die den theoretischen Stirling-Zyklus noch besser nachahmen, besitzen generell eine höhere Beale-Zahl, Ridermotoren generell eine tiefere.

Sicher ist diese empirische Formel noch nicht der Weisheit letzter Schluss. Aber bis in eine Leistungsklasse von einigen Kilowatt hinein sollte sie das zu Beginn beschriebene endlose Ausprobieren ersetzen können.

Wer jetzt die Formel nach V umstellt, kommt zum Durchmesser und zum Hub des Arbeitskolbens (eine geringe Kurzhubigkeit ist angebracht: Hub gleich 0,8 des Durchmessers). Aber wie verhält es sich mit dem Hubvolumen des Verdrängerkolbens? Die Berechnung dieses Hubvolumens hängt vom Temperaturverhältnis ab und ist im Kapitel „Wir berechnen einen Biomassemotor" genauer beschrieben.

Zum Schluss noch ein Wort zur Leistungsberechnungen mit dem pV-Diagramm. Hier kann man über die technische Arbeit auch eine Leistung berechnen. Dabei ist jedoch Vorsicht geboten. Denn die Leistung, die man hier herausbekommt, ist die indizierte Leistung, auch hydraulische Leistung genannt. Will man die Wellenleistung daraus berechnen, muss die Dichtigkeit der Kolbenringe am Arbeitskolben und der Buchse an der Verdrängerkolbenstange bekannt sein. Außerdem müssen die Reibungen der Kolbenringe, sowie die Reibungen des kompletten Getriebes abgezogen werden.

Das Drehmoment

Es ist einfach faszinierend, dass Stirlingmotoren nur allein durch Temperatur-Unterschiede laufen und noch faszinierender ist es für die meisten Modellbauer, wie schnell die Aufnahme von Wärme in der Luft innen im Heißteil von statten geht. Die Drehzahl spricht da eine deutliche „Sprache". Überall in Prospekten, Büchern usw. wird mit den höchsten Drehzahlen angegeben, die der Motor zustande bringt.

Doch ist eine hohe Leerlauf-Drehzahl wirklich ein Indiz für einen gut gelungenen Stirlingmotor? Ist sie nicht vielmehr unüberlegtes Gefährden der Lagerstellen! 90% aller Modellmotoren, die zum Stirlingdoktor kommen, waren wegen ausgeschlagener Gelenke kaputt und fast alle deren Besitzer gaben zu, ihren Stirlingmotor bei höchsten Drehzahlen im Leerlauf betrieben zu haben. Nein, mit den Drehzahlen kann man die Leistung nicht beweisen!

Die Leistung setzt sich nicht nur aus Drehzahl, sondern auch aus dem Drehmoment zusammen. Die Formel lautet: Leistung (in Watt) = Drehzahl (in Umdrehungen pro Sekunde) x 2 x 3,14 (Pi) x Drehmoment (in Newtonmeter). Die Abkürzung für Newtonmeter ist Nm.

Die Kraft von 1 N entspricht der Gewichtskraft, die ein Gewicht von 100 g auf den Untergrund ausübt. Das gilt jedenfalls für den Planet Erde.

Bringen wir an einer Achse einen Hebelarm von einem Meter an und lassen wir an seinem Ende 100 g baumeln, dann wird die Achse mit einem Drehmoment von genau 1 Nm belastet. Die Art dieser Belastung in der Achse können wir uns stark vereinfacht so vorstellen, wie wenn man ein nasses Handtuch auswringt. Das Drehmoment ist also eine Art „Material-Verwindung".

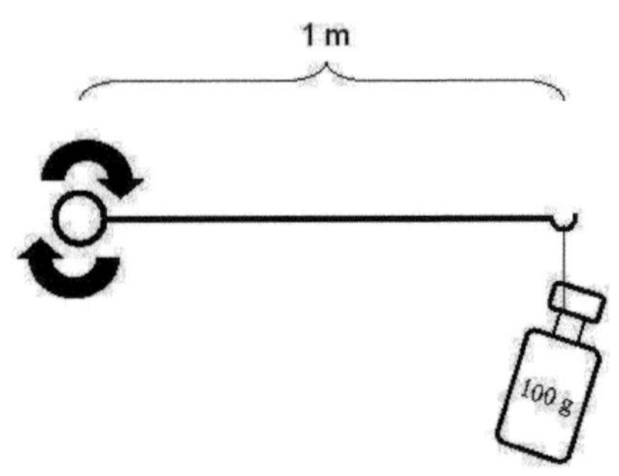

Manche Achsen stehen aber nicht wie im oberen Beispiel, sondern sie drehen sich. Solche Achsen nennt man dann Wellen. Die Welle, die von einem Automotor kommend, die Räder antreibt, dreht sich aber nicht nur, sondern der Stahl der Welle wird ständig mit dieser „Material-Verwindung", dem Drehmoment belastet - besonders wenn es bergauf geht. Das Drehmoment und die Drehzahl wirken also gleichzeitig. Und nur aus deren Multiplikation gewinnen wir die Leistung!

Wir müssen unseren Stirlingmotor also ausnutzen, belasten, damit wir ein Drehmoment und damit eine Leistung aus ihm herausholen!

Beispiele für die Ausnutzung bereits von kleinen Stirlingmodellmotoren sind:

Raum-Ventilator, Wasserpumpe für einen kleinen Springbrunnen, ferngesteuertes Schiffsmodell und wenn Sie fortgeschrittener Modellbauer sind und die Lastwechsel des Stirlingmotors voll im Griff haben eine Modell-Eisenbahn z.B. im Maßstab 1:10.

Aber am einfachsten ist es, einen Generator zu betreiben und die elektrische Energie zur Aufladung von Akkus zu gebrauchen.

Doch aufgepasst! Wenn wir den Motor nicht mehr als Spielzeug im Leerlauf laufen lassen, sondern ihn richtig belasten, dann baut sich am heißen Teil ein „Hitzepolster" auf. Dieses Hitzepolster hat den Vorteil, dass jetzt der Motor ein hohes Drehmoment entfaltet, aber auch den Nachteil, dass der Motor durchgehen kann und dann sofort kaputt ist, dann nämlich, wenn aus Versehen ein Übertragungs-Riemen seinen Geist aufgibt (Gummi wird mit den Jahren spröde) oder wenn jemand über die elektrische Leitung zum Akku stolpert und sie kappt. Es ist daher ratsam, wenn zwei Übertragungsriemen für die Übertragung der mechanischen Leistung nötig wären, immer einen dritten mitlaufen zu lassen. Und gegen das unbeabsichtigte Lösen von elektrischen Leitungen hilft nur Eines: Eine Fliehkraftbremse direkt am Motor (siehe Kapitel Bremse). Sie schützt den Stirlingmotor zuverlässig vor dem Durchgehen.

Das Drehmoment messen

Für das Erfassen des Drehmomentes von großen Maschinenanlagen gibt es professionelle Messsysteme, die man zwischen den Motor und den Generator anordnen kann. Das elektronische Signal kann dann an einen Computer weitergeleitet werden. Solche Messer-fassungs-Systeme haben natürlich ihren Preis. Sie lohnen sich bei Stirlingmotoren ab 1 kW.

Wer gerne ohne Elektronik auskommen will, kann das Drehmoment auch elektrisch oder mechanisch messen.

Für die elektrische Variante benötigt man allerdings einen Generator mit einem Kennfeld, auf dem auch der Wirkungsgrad des Generators eingetragen ist. Wenn ein Generator-Hersteller überhaupt ein Kennfeld aufgezeichnet hat, so doch meist keines mit dem Wirkungsgrad. Aber nur so kann man das Drehmoment des Stirlingmotors indirekt berechnen.

Noch einfacher ist die mechanische Variante. Hier kann man einen sogenannten Pronyscher Zaum einsetzen. Er ist in jeder kleinen Werkstatt einfach herzustellen. Der Pronysche Zaum für kleine Stirlingmodelle besteht aus einem Vierkantstab aus Holz. Eine geschlitzte Bohrung an einem der beiden Enden nimmt die Welle des Motors auf. Dabei sollte der Schlitz nicht nur bis zur Bohrung, sondern auch darüber hinaus

angesägt werden, damit der Schlitz durch eine Schraube stufenlos und feinfühlig zusammengedrückt werden kann. Zur Erhöhung der Feinfühligkeit kann eine Druckfeder (hier aus einem Kugelschreiber) verwendet werden. Nun wird noch die Länge des Hebelarms gemessen und eine Waage unter das andere Ende des Vierkantstabes gestellt.

Bei größeren Stirlingmotoren wird die Welle und das Holz an der Reib-Bohrung zu heiß. Dann kann man ein Rad auf der Welle befestigen, das so ausgedreht wird, dass eine umlaufende Wasserrinne entsteht. Während des Laufes führt man mit einer Plastikspritze ständig Wasser zu, so dass ein dünner Wasserfilm entsteht. Dieser Wasserfilm verdampft und die Reibpartner können nicht mehr überhitzen.

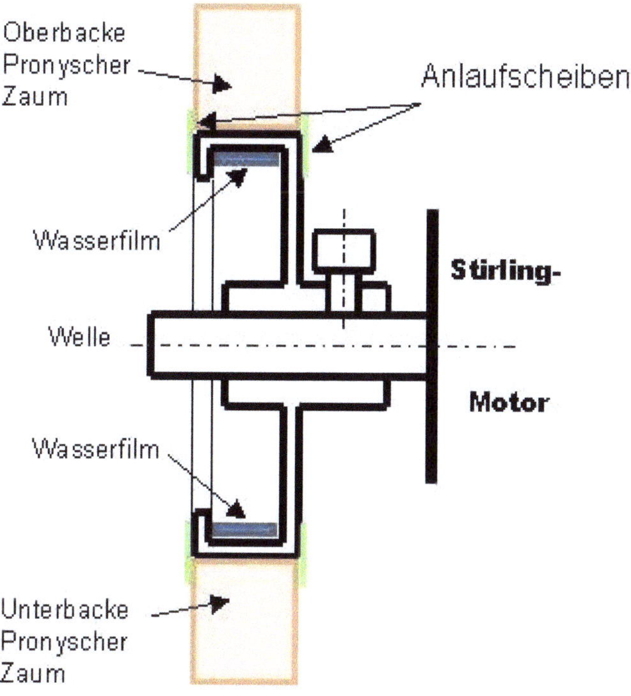

Bei derartigen Leistungen von 40W bis1 kW sollte man statt Holz allerdings Bakelit oder ähnliche Werkstoffe für den Pronyschen Zaum benutzen und einen Hebelarm aus Aluminium anschrauben. Außerdem muss man darauf achten, dass der Pronysche Zaum nicht von alleine axial wegtriftet und der Motor mitten im Testlauf durchgeht. Anlaufscheiben (hier grün dargestellt), die am Rad angeschraubt werden, können diese Trift verhindern.

Nun wollen wir eine Leistungskurve aufnehmen. Dabei benötigen wir außer dem Drehmoment noch die Drehzahl. Die Drehzahl kann über einen Magneten am Schwungrad und einem Fahrrad-Tacho, oder einer Reflex-Lichtschranke gemessen werden (Siehe Kapitel 5.1 im Buch „Experimentieren mit dem Stirlingmotor".

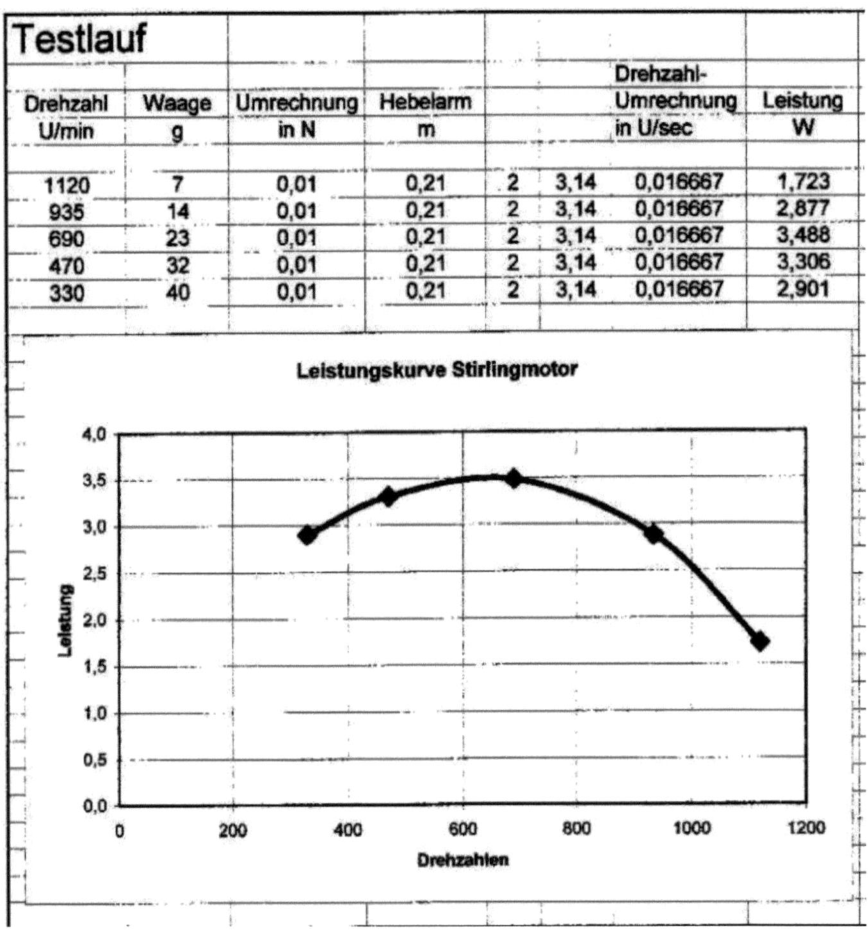

Testlauf

Drehzahl U/min	Waage g	Umrechnung in N	Hebelarm m			Drehzahl-Umrechnung in U/sec	Leistung W
1120	7	0,01	0,21	2	3,14	0,016667	1,723
935	14	0,01	0,21	2	3,14	0,016667	2,877
690	23	0,01	0,21	2	3,14	0,016667	3,488
470	32	0,01	0,21	2	3,14	0,016667	3,306
330	40	0,01	0,21	2	3,14	0,016667	2,901

Für die erste Messreihe stellen wir die Heizflamme auf einen hohen Wert ein. Wir lassen den Motor zunächst bei gerade noch zu vertretender hoher Drehzahl laufen, bremsen ihn nur schwach mit der Schraube am Pronyschen Zaum. Wir müssen den Motor ca. eine Minute so laufen lassen, damit er voll durchgewärmt ist. Wenn sich die Temperatur am kalten Teil nicht mehr erhöht, nehmen wir die ersten Messwerte: Wir lesen die momentane Drehzahl und die Kraft auf die Waage ab und tragen beide Werte in eine Liste. Dann bremsen wir mit dem Pronyschen Zaum etwas stärker, warten wieder ca. eine Minute, bis sich die Drehzahl nicht mehr verändert und nehmen wieder beide Momentanwerte in unsere Liste auf. Auf diese Weise nehmen wir mindestens 5 Doppelwerte auf. Dabei brauchen wir uns gar nicht anzustrengen, besonders glatte Drehzahlen anzufahren. Diese Mühe ist meist umsonst. Nach der ersten Messreihe können wir nun eine zweite Messreihe bei reduzierter Flammenleistung aufnehmen. Auch sie sollte wieder von hohen Drehzahlen zu langsamen abgefahren werden. Nachdem wir auf diese Weise das Messprotokoll erstellt haben, stellen wir den Motor ab und erweitern das zweispaltige Protokoll mit weiteren Spalten. Hier tragen wir den Hebelarm und Umrechnungs-Faktoren ein und errechnen für jeden Messpunkt die Leistung. Dann zeichnen wir ein Diagramm mit den Leistungskurven. Erst jetzt wissen wir, wie hoch die Leistung unseres Stirlingmotors ist (in diesem Fall 3,5 W) und bei welcher Drehzahl er diese Maximalleistung abgibt! Bei jeder Anwendung des Motors (Generator, Ventilator, Wasserpumpe für Springbrunnen, Schiffsmodell-Antrieb, usw.) sollten wir in Zukunft in diesem Drehzahlbereich der maximalen Leistung bleiben!

Nun wollen wir uns das Drehmoment noch genauer anschauen.

Bei den kleineren Drehzahlen, wenn wir mit unserem Pronyschen Zaum bereits ein hohes Drehmoment erzeugt hatten, haben wir vielleicht bemerkt, dass die Waage zu vibrieren anfing. Dies ist vor allem dann normal, wenn der Stirlingmotor ein kleines oder leichtes Schwungrad besitzt.

Wer die Vibrationen auf der Waage genau beobachtet, der wird bemerkt haben, dass die Waage zweimal pro Umdrehung einen Maximalwert aufweist. Ausgehend von dem 6-Phasen-pV-Diagramm im Kapitel „Funktionsweise Stirlingmotor" können wir folgende Drehmomentkurve aufzeichnen, die sich jede Umdrehung wiederholt. Hier wird jetzt offensichtlich, dass nicht nur bei der Überdruck-Expansion (zwischen 0 und 100°) sondern auch bei der Unterdruck-Kompression (zwischen180 und 305°) ein positives Drehmoment entsteht. Das ist geradezu typisch für Stirlingmotoren.

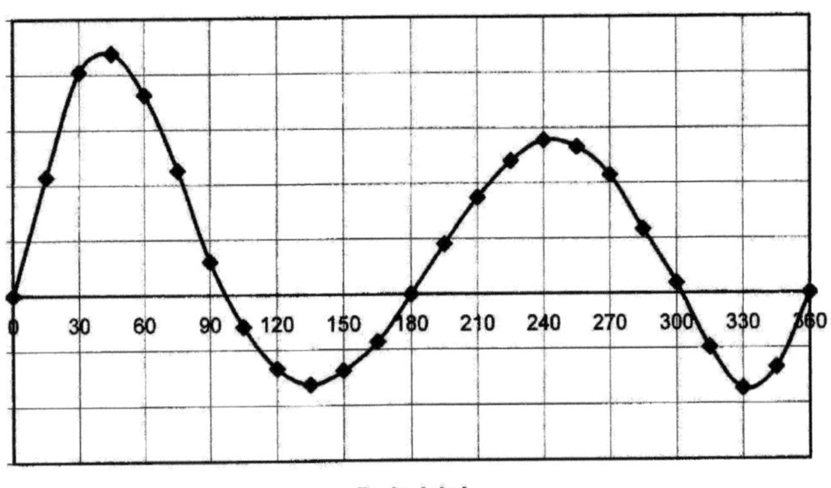

Die großen Drehmoment-Schwankungen können nur durch ein Schwungrad einiger-maßen ausgeglichen werden. Allerdings nie

40

vollständig. Bei den meisten Anwendungen merkt man die Schwankungen nicht oder sie sind nicht störend.

Aber wer mehr als 3 kW ins elektrische Netz schieben will, ist gut beraten, einen Doppel- oder Mehrfachmotor zu bauen, bei dem mehrere Stirlingsysteme in Phase arbeiten. So wird das Drehmoment und damit die abgegebene elektrische Leistung geglättet.

Bei den Netzbetreibern sind Netzschwankungen gar nicht erwünscht. Wenn diesen bewusst wäre, wie gut solche Mehrfachsystem-Stirlingmotoren sind, würden sie Explosionsmotoren als Kraft-Wärme-Kopplung gar nicht mehr zulassen. Denn Explosionsmotoren besitzen eine noch viel größere Drehmomenten-Schwankung als Stirlingmotoren.

Platz für eigene Messergebnisse:

Der Wirkungsgrad

Über den Wirkungsgrad von Stirlingmotoren geistert auf Konferenzen und in der Literatur sehr unterschiedliches Datenmaterial herum. Einmal heißt es, der Stirlingmotor hätte den weitaus besten Wirkungsgrad aller thermodynamischen Kraftmaschinen – und es gibt Zahlen bis zu 48% - andere wenden empört ein, sie wären mit ihrer Maschine nie über 20% gekommen. Wie kommen diese Diskrepanzen zustande?

Von der Autoindustrie sind wir das ja leider gewohnt. Während in vollmundigen Reden und auf Hochglanzpapier der Wirkungsgrad des Automotors mit 30% angepriesen wird, sieht der Motor mit innerer Verbrennung auf dem Teststand ganz verschiedene Wirkungsgrade. Das verrückte daran ist vor allem, dass die 30% in einem Kennfeldbereich auftauchen, das von einem Auto fast vollkommen gemieden wird. Nur wenn man mal einen leichten Berg hinauffährt oder sanft beschleunigt, werden 30% erreicht. Ansonsten umfahren wir dieses Wirkungsgrad-Maximum mit unseren 5 Gängen ständig. Im Mittel (incl. Leerlauf an der Ampel und im Stau) setzt ein Automotor gerade mal 4 % der Energie im Kraftstoff in Fahrleistung um. Auch bei hohen Drehzahlen sind große Wirkungsgrade nicht mehr zu erreichen. Der Kunde liest in den Prospekten: Motorleistung 90 kW und 30% Wirkungsgrad. Aber in Wirklichkeit werden bei 90 kW nur noch 17% erreicht, während im Wirkungsgrad-Maximum von 30% nur 25 kW Leistung erzeugt werden können. Das Ganze grenzt schon fast an bewusste Täuschung. Es geht bei den Hochglanzprospekten um Prestige und Ansehen und um <u>viel</u> Geld!

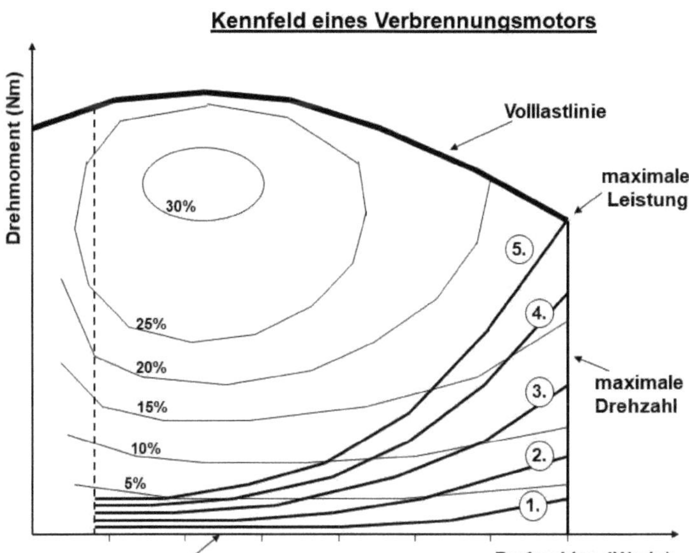

Umso erstaunlicher ist es, wie sehr man bereits schon in Stirling-kreisen mit genau diesem Problem konfrontiert wird und aneinander vorbeiredet. Auch ein Stirlingmotor besitzt bei hoher Leistung und hoher Drehzahl kleinere Wirkungsgrade und bei kleiner Leistung und kleiner Drehzahl große Wirkungsgrade. Wenn also bei einem Stirlingmotor wirklich mal ein Wirkungsgrad gemessen wurde, dann sollte unbedingt die dazugehörige Leistung und die dazugehörige Drehzahl genannt werden. Wurde ein zweiter Messpunkt aufgenommen, so gilt für ihn dasselbe. Am besten ist es natürlich, man fährt ein ganzes Kennfeld ab und präsentiert das gesamte Muscheldiagramm.

Auf der nächsten Seite ein Muscheldiagramm eines Stirlingmotors. Man sieht an diesem Kennfeld sehr schön, dass die besten Wirkungsgrade bei den kleineren Drehzahlen auftauchen, noch viel extremer wie bei Otto- und Dieselmotoren.

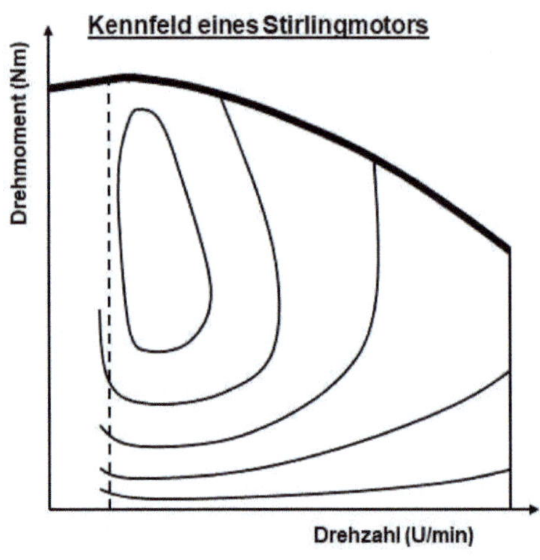

Im Prinzip sehen sich die Muscheldiagramme zwischen großen und kleinen Stirlingmotoren alle ähnlich, jedenfalls von der Form her. Nur dass die maximalen Wirkungsgrade bei großen Maschinen höher liegen. Einige Zahlen: 35% bei Motoren über 150 kW, 30% bei Motoren über 30 kW, 25% bei Stirlingmotoren über 5 kW und 20% bei Motoren über 1 kW (alles Motor-Wirkungsgrade). Das heißt, es gibt die Chance, ein zweites Mal aneinander vorbeizureden, wenn nämlich bei einem Gespräch der eine Stirlingfachmann nur mit 2 kW-Motoren vertraut ist, aber der

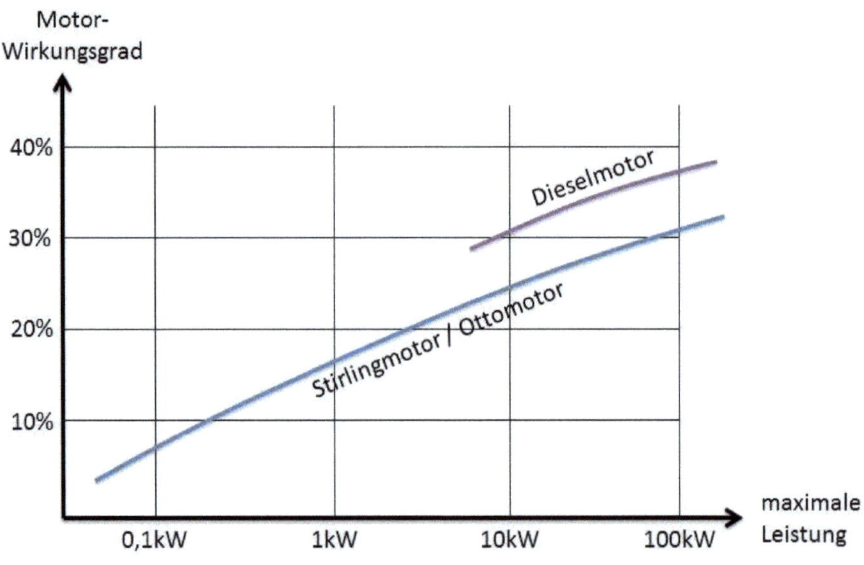

andere in Kategorien von mehreren hundert kW denkt. Dieses Problem gibt es auch bei den Otto- und Dieselmotoren. Auch hier gibt es je nach Größe verschiedene Wirkungsgrade.

Und dann gibt es beim Stirlingmotor noch eine dritte Möglichkeit, aneinander vorbeizureden. Wo wird die zugeführte Leistung gemessen? Direkt am Erhitzer oder wird die in der Verbrennung entstehende Wärmeleistung zu Grunde gelegt? Und wie sieht es auf der anderen Seite aus? Geht man bei der Wirkungsgrad-Berechnung von der mechanischen Abtriebsleistung an der Welle aus oder geht man von der elektrischen Generatorleistung aus? Das Problem ist also vielschichtig. Sollten wir es angehen? – Ja, wir müssen es angehen. Unbedingt!

Dabei sollen ausgehend von der typischen Wirkungsgradkette eines Strilingmotors Wirkungsgrad-Namen definieren werden. In der Tabelle auf der nächsten Seite sind auch die dazugehörigen Wirkungsgrad-Kettenglieder genannt.

Multipliziert man alle Faktoren für einen professionellen Groß-motor, dann kommen 0,29, also knapp 30% heraus. Das entspricht dem Niveau eines Ottomotors. Für einen gut geratenen Bastlermotor mit einem kW Wellenleistung kann man sich 12% Aggregat-Wirkungsgrad durchaus vorstellen.

An Motoren, die im Inneren des Gehäuses einen Generator be-inhalten, kann man die Wellenleistung übrigens oft gar nicht mes-sen. Abhilfe würde hier ein Kennfeld des Generators bringen, wenn dieses Kennfeld Wirkungsgrad-Kurven enthalten würde. Aber die meisten Hersteller von Generatoren leisten diesen Service nicht. Man müsste in einem solchen Fall das Kennfeld selber ermit-teln.

Name des Wirkungsgrades	Definition	Wirkungsgrad-Kettenglieder				
		Verbrennung (Verluste im Abgas und Isolation)	Stirlingprozess (Thermodynamik)	Mechanisches Getriebe (Kolbenring- und Lagerverluste)	Generator (Elektrische Verluste)	Nebenaggregate (Pumpen, Ventilatoren, Förderschnecken)
Aggregat-Wirkungsgrad	Elektrische Nettoleistung zu Brennstoffleistung	X	X	X	X	X
Elektrischer Wirkungsgrad	Elektrische Bruttoleistung zu Brennstoffleistung	X	X	X	X	
Motor-Wirkungsgrad	Wellenleistung zu Brennstoffleistung	X	X	X		
Stirling-Wirkungsgrad	Wellenleistung zu Heizleistung am Erhitzer		X	X		
Prozess-Wirkungsgrad	Indizierte Leistung (AK) zu Heizleistung am Erhitzer		X			
Vom Multiplikationsfaktor einfacher Motor		0,2	0,2	0,7	0,65	0,7
bis Multiplikationsfaktor Profimotor 50kW		0,8	0,45	0,9	0,9	0,95

Aber noch einmal zurück zum Wirkungsgrad – und zwar speziell jetzt zum Stirling-Wirkungsgrad:

Was passiert „wirkungsgradmäßig" im Einzelnen, wenn ein Stirlingmotor zum Beispiel mit gleichbleibend starker Beheizung des Heißteiles erhitzt wird und verschiedene Drehzahlen gefahren werden?

Bei sehr langsamen Drehzahlen (A) gibt es noch zu große Kolbenring-Undichtigkeiten. Bei steigender Drehzahl ist dieser Störeffekt schließlich zu vernachlässigen, da das Gas gewissermaßen keine Zeit mehr hat, am Kolben vorbei zu kommen.

Die Strecke B-C stellt den Einfluss der Isothermie dar. Bei Punkt C sind die Isothermen bereits durch Adiabate ersetzt.

Dann gibt es zwischen Punkt C und D ein Plateau. Hier klappt die laminare Strömung nach und nach in allen Teilen des Motors in turbulente Strömung um, wodurch die Wärmeübergänge verbessert und der Wirkungsgrad zunächst noch einmal fast gehalten werden kann.

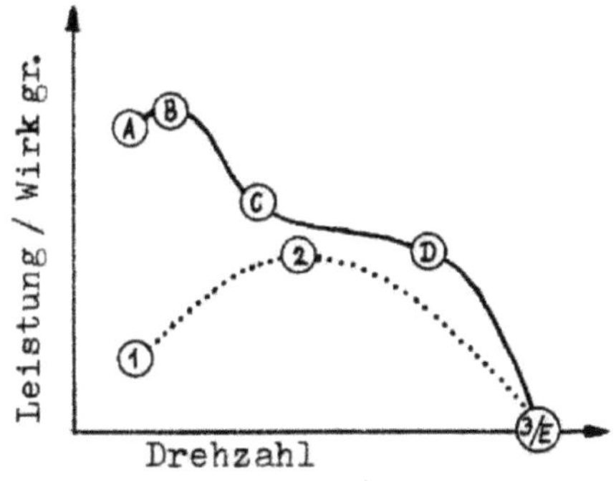

Nach Punkt D nimmt der Einfluss der Strömungswiderstände immer mehr zu, bis schließlich der Leerlauf erreicht ist.

(Leistungskurve, gepunktet: Punkt 1: Leistung bei Anwurfdrehzahl, Punkt 2: Leistungsoptimum, Punkt 3: Leerlauf (keine Leistung, nur wilde Rotation)).

Zu der Graphik sei noch angemerkt, dass sie nur für Stirlingmotoren gilt, die ein bestimmtes Bastlerniveau bereits verlassen haben. Wenn die Kolbenring-Undichtigkeiten zum Beispiel zu groß sind, kann man sich das Plateau von C-D einfach nach links erweitert denken. Die hohen Wirkungsgrade von A und B kann man in diesem Fall nicht erreichen. Wenn es andererseits große innere Strömungsverluste gibt, dann muss man Punkt D niedriger ansetzen, so dass es kein ausgeprägtes Plateau mehr gibt.

Kann man mit Helium oder Wasserstoff bessere Wirkungsgrade erreichen? Diese Frage wird oft gestellt. Generell ist sie mit ja zu beantworten, aber es sollte keiner auf die Idee kommen, seinen Stirlingmotor, der für Luft oder Stickstoff konzipiert ist, mit Helium oder gar Wasserstoff zu befüllen. Schon beim Anwerfen dürfte es größere Probleme geben, weil man bei Helium viel dichtere Kolbenringe benötigt. Auch hohe Wirkungsgrade wären nie erreichbar, jedenfalls nicht höhere als bei Luft, weil die winzigen Heliumatome nur noch selten an die wärmeführenden Wandungen gelangen. Trotzdem gab es in den 70-er Jahren einen Vergleichstest, meines Erachtens der einzige, der ernst genommen werden kann. Allerdings wurde hier ein Helium-Stirlingmotor alternativ mit Luft gefüllt, was bedeutet, dass für die großen Luftmoleküle die engen Röhrchen auch nicht geeignet waren. Hierbei zeigte es sich, dass Luft den leichteren Gasen gar nicht so haushoch unterlegen war. Der Wirkungsgrad wurde bei diesem Test übrigens zwischen Wellenleistung und Wärmeleistung an den Erhitzerrohren gemessen und ist deshalb so hoch.

Fazit: Die Kurven und Diagramme ergeben eine klare Konsequenz: Da die Maximalwerte von Wirkungsgrad und Leistung wie beim Explosionsmotor weit auseinander liegen, sollten im Grundlastbetrieb kleinere Drehzahlen und nur bei Spitzen höhere Drehzahlen gefahren werden. Dazu wären stufenlose Getriebe oder raffinierte elektronische Leistungsregelungen nötig. Hier stehen wir vor neuen Herausforderungen in der Stirlingtechnik.

Das Kolbenverhältnis

Das Kolbenverhältnis (KV) ist eine der wichtigsten Größen am Stirlingmotor. Das KV entscheidet darüber, ab welchem Temperaturverhältnis (TV_{an}) ein Stirlingmotor läuft. Einige laufen bereits mit Handwärme, andere brauchen eine harte Flamme, wie die eines Schweißbrenners. Das Geheimnis liegt alleine im Kolbenverhältnis.

Definition:

Das Kolbenverhältnis ist das Hubvolumen des Arbeitskolbens geteilt durch das Hubvolumen des Verdrängerkolbens.

Das Kolbenverhältnis ist dimensionslos. Werte von 0,5 bis 1,0 sind üblich. Für Niedertemperatur-Maschinen werden auch kleinere Zahlen gewählt, im Extremfall bis 0,04. Allerdings wird die Kompression unter 0,5 immer lascher, die Leistung und der Wirkungsgrad immer geringer.

Grundsätzlich kann das Kolbenverhältnis auf zwei Arten gebildet werden:

- Bei gleichem Hub von Arbeits- und Verdrängerkolben wählt man die Durchmesser verschieden.
- Bei gleichem Durchmesser wählt man die Hublängen verschieden

Außerdem kann man beides miteinander kombinieren.

Ganz egal, auf welche Art und Weise das Kolbenverhältnis gebildet wird, es gilt stets:

Je größer das Kolbenverhältnis, umso größer wird die Kompression ausfallen. Und je größer die Kompression, umso größer muss das Temperaturverhältnis zwischen heißem und kaltem Teil gewählt werden, damit die Kompression überwunden wird. Dieses Anwurf-Temperaturverhältnis (TVan) scheint dabei in einer direkten mathematischen Beziehung zum Kolbenverhältnis zu stehen:

$$KV + 1 = TV_{an}$$

oder anders herum:

$$TV_{an} - 1 = KV$$

Bei den Stirlingmotoren, die der Autor in der Vergangenheit betreut hat, drängt sich jedenfalls diese mathematische Beziehung auf. Eine physikalisch-thermodynamische Herleitung wäre wünschenswert und vielleicht gelingt diese auch einmal in einer wissenschaftlichen Arbeit. Solange dieser Beweis noch nicht erbracht ist, müssen wir uns mit dem empirischen Befund zufriedengeben:

Fangen wir mit Niedrig-Temperatur-Stirlingmotoren an:

Ein Modell, das bereits mit Handwärme im Leerlauf läuft, besitzt ein Arbeitskolben-Hubvolumen, das 25 Mal kleiner ist als sein Verdrängerkolben-Hubvolumen. Um das Kolbenverhältnis zu bekommen, muss das Arbeitskolben-Hubvolumen durch das Verdränger-Hubvolumen geteilt werden. 1 durch 25 gleich 0,04.

Die Körpertemperatur eines Menschen beträgt 36°C, an der Hand 32°C (309 K). Auf der kalten Seite setzen wir eine Raumtemperatur von 20°C voraus (293 K). Das Leerlauf-Temperaturverhältnis ergibt sich aus 309 K durch 293 K gleich 1,05. Zieht man von 1,05 1 ab, so ergibt dies fast das Kolbenverhältnis des Modells (geringfügig darüber deshalb, weil sich das Modell ja noch drehen muss).

Bei dem Solarmotor Sun-well, den der Autor 1997 testen konnte, betrug das Hubvolumen des Arbeitskolbens nur ein Zehntel des Hubvolumen des Verdrängerkolbens (Kolbenverhältnis 0,1).

Der Motor war bei 50°C anzuwerfen, wenn er mit 20°C kaltem Wasser gekühlt wurde. 50°C entspricht 323 K. 20°C

entspricht 293 K. 323 K durch 293 K gleich 1,1. Auch hier ist das Temperaturverhältnis um 1 größer als das Kolbenverhältnis.

Kommen wir zu dem Glas-Stirling-Modell, das der Autor in den 80-iger Jahren entwickelt hat. Dieser Motor besitzt ein Kolbenverhältnis von 0,64.

Durch Infrarot-Bilder konnte man die Temperaturen im heißen Teil ermitteln. Er benötigte zum Anwerfen ungefähr 220°C (493 K). Auf der kalten Seite nehmen wir wieder 20°C an (293 K). Sein Anwurf-Temperaturverhältnis berechnet sich also folgendermaßen: 493 K durch 298 K gleich 1,65. Diese Zahl um 1 reduziert ergibt 0,65 - wieder beinahe das Kolbenverhältnis des Motors.

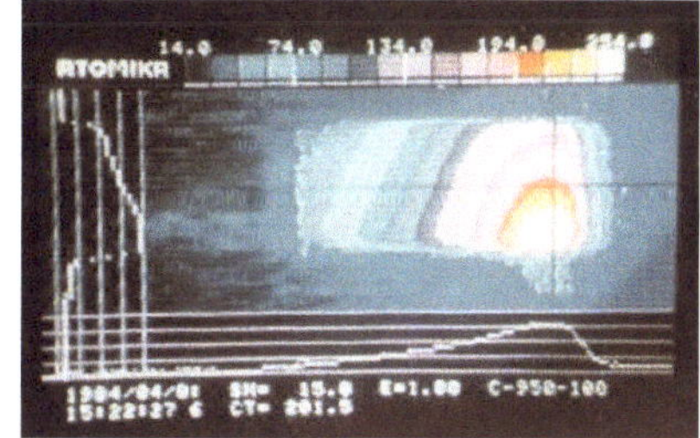

Als letztes soll hier ein mit Helium aufgeladenen Stirlingmotor genannt werden, damit klar wird, dass auch bei diesen Maschinen die oben genannte Regel gilt. Dieser 2,7 kW starke Motor LG1-100, den der Autor von 1998 bis 2004 entwickelt hat, war ein Beta-Typ mit gleichem Hub und Durchmesser beim Verdränger- und Arbeitskolben. Das Kolbenverhältnis betrug also 1,0.

Ab 320°C ging er vom Schlepp-Modus in den Generator-Modus über und zu diesem Zeitpunkt betrug der kalte Teil bereits 25°C. Das Temperaturverhältnis berechnet sich aus 593 K durch 303 K gleich 1,99. Diese Zahl um 1 reduziert ergibt 0,99 - wieder beinahe das Kolbenverhältnis des Motors.

Sicher trifft diese Regel nicht immer derart genau zu. Sie kann bis zu 10 Prozent abweichen. Aber das liegt dann meistens an Schwergängigkeiten im Getriebe, Undichtigkeiten oder an Temperaturfühlern, die nicht richtig platziert sind.

Fazit: Das Kolbenverhältnis wird nach der zu erwartenden Temperatur am Erhitzer gewählt.

Welcher KV und T_{an} hat Ihr Motor?

Der Phasenwinkel

Immer wieder wird die Frage gestellt, welcher Phasenwinkel wohl der Beste für Stirlingmotoren sei. In der Literatur und im Internet wird meistens 90° angegeben. Dahinter steckt die Logik der vier Phasen des Stirlingmotoren-Zyklusses. Dieser Vier-Phasen-Zyklus wird bei allen Beschreibungen der Funktionsweise eines Stirlingmotors dargeboten. Kann man mit 90° wirklich keinen Fehler machen?

Man kann, wie zahlreiche Firmen-Insolvenzen der letzten Jahrzehnte zeigen. Aber alles der Reihe nach.

Wie im Kapitel Einordnung des Stirlingmotors bereits dargelegt, gibt es zwei Heißgasmotoren mit geschlossenem Arbeitsraum. Der optimale Phasenwinkel für diese beiden Maschinen ist völlig verschieden. Obendrein hängt der optimale Phasenwinkel dann noch stark vom Temperaturverhältnis zwischen heißem und kaltem Teil ab. Doch bevor wir uns anschauen, warum dies alles so ist, hier vorab schon mal das Ergebnis in Form einer kleinen Tabelle:

	Stirlingmotor (Beta + Gamma)	Ridermotor (Alpha)
Feuerung mit fossilen Brennstoffen und reinem Sauerstoff (Luftausschluss)	50° bis 60°	90° bis 105°
Feuerung mit fossilen Brennstoffen und Luft (Sauerstoffgehalt 21%)	60° bis 70°	105° bis 120°
Feuerung mit Holz, Biogas, Deponiegas	70° bis 80°	120° bis 140°
Niedertemperaturmotoren, Abwärmenutzung, Solarmotoren ohne Fokusierung	80° bis 90°	140° bis 170°

Jeder, der sich schon mit dem Heißgasmotor beschäftigt hat, weiß, dass sich die Expansion ereignen sollte, wenn sich die meisten Arbeitsgase im heißen Teil befinden, und die Kompression, wenn sich die meisten Arbeitsgase im kalten Teil befinden.

Das funktioniert sehr gut bei Niedertemperatur-Stirlingmotoren. Diese haben kleine Arbeitskolbenhubvolumen und große Verdrängerkolbenhubvolumen, also bei kleinem Kolbenverhältnis (KV). Aber bei zunehmendem Arbeitskolbenhub (bzw. größerem KV) verändert sich diese theoretische Vorgabe automatisch, wenn die 90° Phasenwinkel beibehalten werden. Das Diagramm links verdeutlicht diesen Effekt. Der grüne Bereich (Hauptexpansion) liegt nicht mehr unter dem gelben Bereich (Arbeitsgase hauptsächlich im heißen Teil). Die Harmonisierung (Diagramme nächste Seite) besteht nun darin, den hauptsächlichen Expansionsvorgang (grün) in den Zeitabschnitt zu setzten, in dem sich die Hauptmasse des Arbeitsgases im heißen Raum befindet (gelb). Umso größer das Kolbenverhältnis (KV) ist, umso kleiner muss der Phasenwinkel gewählt werden, um dem Phänomen gerecht zu werden. Bei Niedertemperatur-Stirlingmotoren kann der alte Phasenwinkel von 90° beibehalten werden. Wer vorhat, mit regenerativen Brennstoffen zu heizen, sollte einen Phasenwinkel von 70° bis 80° wählen und wer mit fossilen Brennstoffen heizen will, sollte einen Phasenwinkel von bis zu 60° wählen, weil hier die härtesten Flammen und größten Temperaturen im heißen Teil erwartet werden (Temperaturmessung des „heißen Teils" nicht in der Flamme, sondern im Arbeitsgas im Bereich zwischen dem Erhitzer und Regenerator).

In beiden Skizzen sieht man die Sinuskurven vom Verdrängerkolben (VK) und vom Arbeitskolben (AK) bei einer Kurbelumdrehung. Die rote Fläche entspricht dem Momentanvolumen im heißen Teil, die blaue Fläche entspricht dem Momentanvolumen im kalten Teil. Der gelbe Bereich markiert die Drehwinkel, bei denen sich mindestens 80% der Arbeitsgase im heißen Teil befinden. In diesem Teil sollte sich eigentlich die Haupt-Expansion (grüner Bereich) ereignen. Die Überdeckung von gelbem und grünem Bereich gelingt bei 90° Phasenwinkel nur zur Hälfte, bei 60° Phasenwinkel immerhin schon zu zwei Drittel. Eine vollständige Harmonisierung ist nicht möglich.

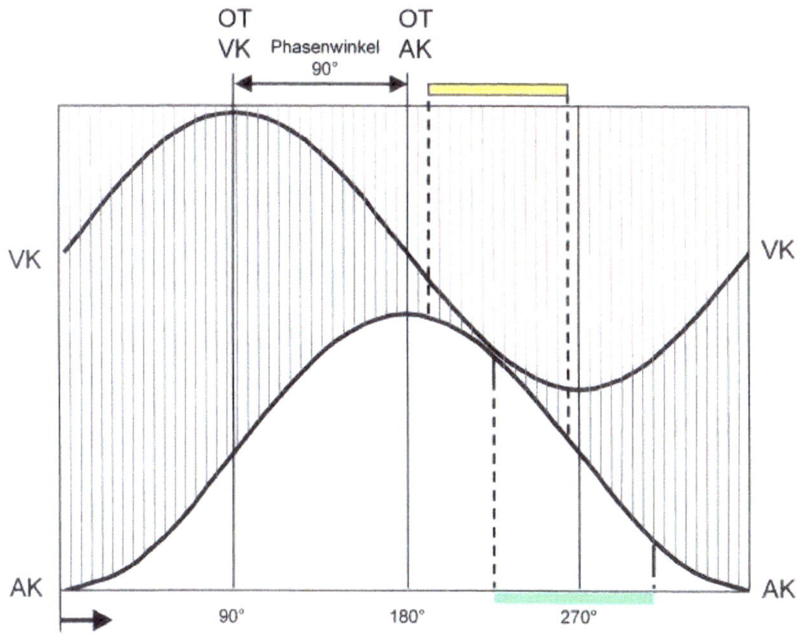

OT
VK
Phasenwinkel
90°
OT
AK
VK
VK
AK
AK
90°
180°
270°

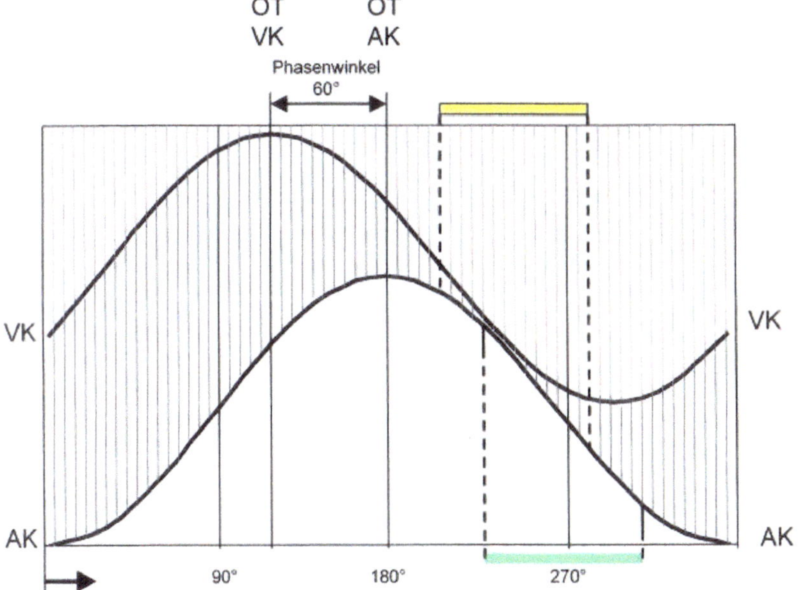

OT
VK
OT
AK
Phasenwinkel
60°
VK
VK
AK
AK
90°
180°
270°

Wie man an dem Diagramm rechts sieht, bringt eine Harmonisierung eine Leistungssteigerung um 20% zwischen 90° und 70° Phasenwinkel. Bei unter 70° fällt die Leistung dann allerdings ebenso rasant wieder. Der Doppel-Stirlingmotor (siehe Bild unten) hatte in diesem Fall Verdränger-

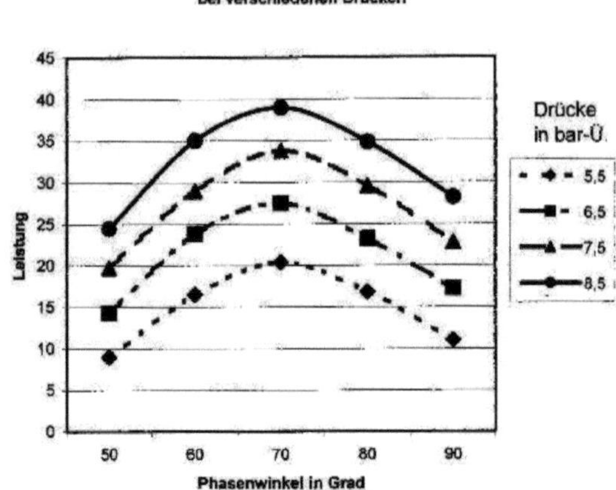

Durchmesser von 60mm und AK-Durchmesser von 60mm, also ein KV von 1,0.

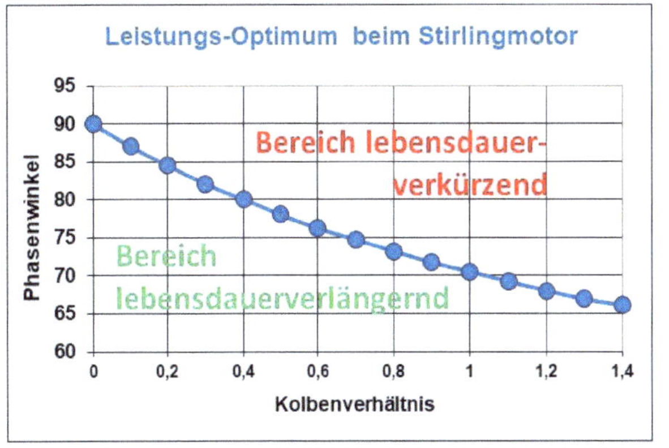

Ein Nebeneffekt dieser Harmonisierung ist die Reduzierung der Druckspitze hinter dem oberen Totpunkt. Wenn man bedenkt, dass eine Reduzierung der Lagerstellen bei Rollenlagern um 10% fast eine Lebensdauerverdoppelung ergibt, kann auf einen angepassten Phasenwinkel ohnehin nicht verzichtet werden. Hier (90° reduziert auf 70°) geht es um Kräftereduzierungen von 25%. Das bedeutet dann das 2,6-fache der Lebensdauer für die angepasste 70° Phasenwinkel-Version. Außerdem wird der Wirkungsgrad mit der Harmonisierung gesteigert. Die Auswuchtung eines solchen Motors ist durchaus machbar und wirtschaftlich, vor allem wenn man als Nebenaggregat einen kleinen Kompressor benötigt.

Beim Ridermotor (Heißgasmaschine mit zwei Arbeitskolben, davon ein kalter Kompressionskolben und ein heißer Expansionskolben pro Arbeitsraum) verändert man mit dem Phasenwinkel und der Harmonisierung auch gleichzeitig das Kolbenverhältnis. Deshalb ist ein optimal eingestellter Phasenwinkel beim Ridermotor viel wichtiger als beim Stirlingmotor und entscheidet meist über Funktionieren oder Nichtfunktionieren des Motors! Wer eine Kraft-Wärme-Kopplung plant, sollte mindestens einen Phasenwinkel von 110° vorsehen. Wenn Holz-Hackschnitzel verfeuert werden sollen, werden 130° empfohlen. Mehr dazu im Anhang.)

Nachdem wir nun zwei Parameter des Stirlingmotors (das Kolbenverhältnis und den Phasenwinkel) erörtert haben, wollen wir uns nun den speziellen Komponenten des Stirlingmotors zuwenden: Brenner, Erhitzer, Regenerator, Kühler, Getriebe und Bremse.

Komponente Brenner

Stirlingmotoren zu bauen ist eine große Herausforderung, gerade weil es keine Vorbilder gibt, die man einfach abkopieren kann. Aber Brenner für Stirlingmotoren gibt es noch weniger von der Stange. Und der beste Stirlingmotor nutzt nichts ohne einen angepassten Brenner. Spätestens wenn man über das Niveau des Demonstrationsmotors (siehe Stirlingpyramide) hinaus kommen will, muss man sich mit einem angepassten Brenner beschäftigen. Denn ab diesem Niveau geht es um die Verkaufbarkeit der Aggregate und einem Käufer und Anwender sind hohe Stirling-Wirkungsgrade (siehe Kapitel „Wirkungsgrad") völlig egal. Er schaut nur darauf, wieviel Brennenergie er oben hineinsteckt und wieviel elektrische Energie unten herauskommt. Für den Betreiber ist also der Aggregat- oder Anlagen-Wirkungsgrad entscheidend.

Was aber heißt „angepasster Brenner"? Um uns das klar zu machen, schauen wir uns zunächst nicht angepasste Brenner an. Wie wäre es damit: normaler kaltluftansaugender Erdgasbrenner direkt mit den Flammenspitzen auf den Stirlingmotor-Heißteil richten. Anschließend geht das Abgas durch einen Kessel und gibt seine Restwärme ab. Klingt doch ganz vernünftig – schließlich geht das Abgas nicht mit 800°C aus dem Schornstein, sondern wird noch einmal genutzt, um Heizungswasser bereitzustellen. Dabei leiten wir das Rücklaufwasser von den Heizkörpern bzw. von der Fußbodenheizung natürlich zuerst durch den Kühler des Stirlingmotors, um den Wirkungsgrad des Motors zu erhöhen und erst anschließend durch den Kessel. Alles richtig gemacht? Ja, vielleicht für das Niveau eines Demonstrationsmotors. Aber der Aggregat-Wirkungsgrad dürfte damit immer noch bei bescheidenen 12% liegen. – Es geht mehr!

Der entscheidende Quantensprung in der Stirlingbrenner-Entwicklung war der Brenner mit Frischluft-Vorwärmung. Bereits die Philips-Motoren von 1955 verfügten über einen solchen „air pre-heater" (Seite 146 im Buch „The Philips Stirling Engine" von C.M. Hargreaves). Das Prinzip ist einfach: Man schiebt die Wärmeenergie aus dem Abgas per Gegenstrom-Wärmeübertrager in die Frischluft. Die Frischluft wird bis zu 600°C vorgewärmt und erst dann mit dem Erdgas gemischt und entzündet. Die Flamme braucht also nicht das Gemisch von 30°C auf 600°C bringen – diese Energiemenge ist eingespart – und so genügt nun lediglich eine kleine Flamme, um dieselbe Wärmeleistung in den Erhitzerkopf zu bringen.

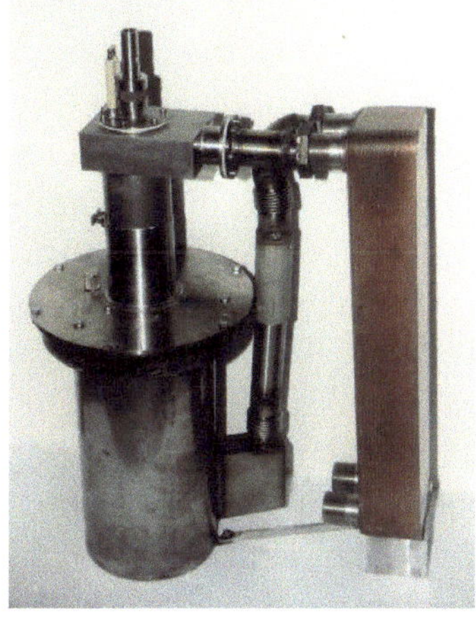

Das Bild oben zeigt eine sehr einfache Anordnung mit einem kupferverlöteten Plattenwärmeübertrager für den Motor, der links zu sehen ist. Oben befinden sich der Gasanschluss, eine extrem lange Zündkerze und ein Flammendetektor.

Am unteren Ende des Wärmeübertragers befindet sich Zuluft und dahinter Abgas (im zweiten Bild Zuluft mit Ventilator rechts und Abluft-Alu-Schlauch links (200°C).

Im dritten Bild sieht man, dass der Brennraum noch ein Schaurohr mit Glasfenster für die Beobachtung der Flamme erhalten hat. Wichtiger allerdings ist die Isolation aus Keramikfasern, die Halbschalen als Ummantelung um den Brennraum und die Keramikwolle um das Mischrohr und dahinter um den Wärmeübertrager. Als das Bild entstand, war außerdem der obere Rand des Brennraumes noch nicht isoliert. Die Geometrie der wärmeführenden Teile ist bei diesem Motor allerdings noch nicht kompakt. Da bietet es sich an, den Frischluft-

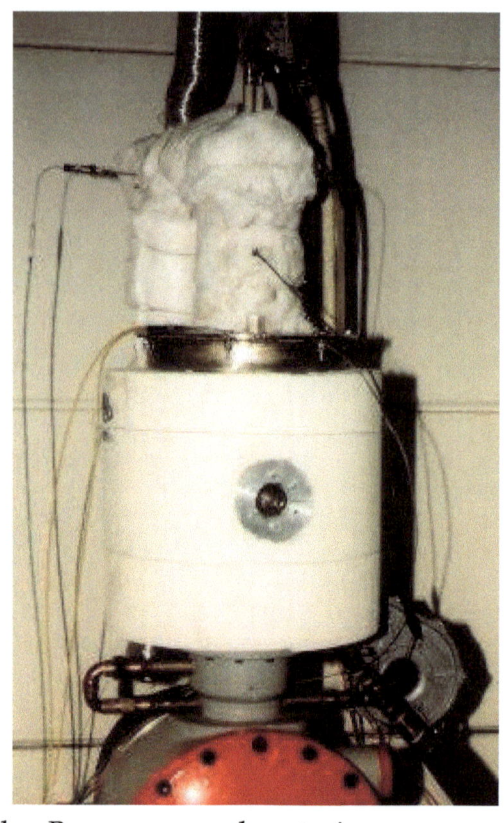

Vorwärmer ringförmig um den Brennraum zu konstruieren.

Das Bild auf der nächsten Seite zeigt die Brenner-Konzeption eines Philips-Motors aus dem oben erwähnten Buch. Ziffer 27 weist auf den ringförmigen Vorwärmer hin. Die Flamme erhitzt die Röhrchen des ringförmigen Erhitzers einmal mit ihrer Wärmestrahlung und zum anderen über die Konvektion, wenn das Abgas zwischen den Röhrchen hindurchstreicht. Es wird oben ringförmig gesammelt und geht dann durch den Vorwärmer. Die Isolation ist hier allerdings nicht dargestellt. Sie muss dort, wo die Temperatur hoch ist, besonders dick sein, damit an der Oberfläche ungefähr dieselben Temperaturen anliegen.

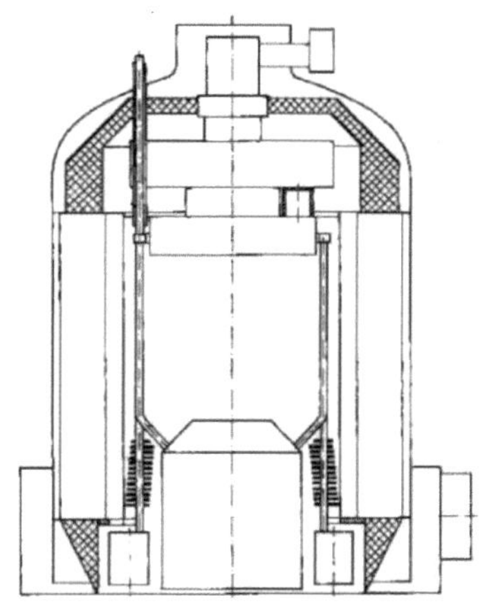

Das sechste Bild zeigt einen Brenner mit einer solchen konischen Isolation. Damit die Außenwand des Brenners zylindrisch ausgeführt werden kann, ist hier der Frischluft-Vorwärmer aus drei konischen Blechen gefertigt worden. Der mittlere der drei Bleche ist mit Noppen ausgestattet, die im Wechsel beidseitig die anderen Bleche auf Abstand halten, so dass dazwischen die Luft strömen kann. Außerdem überträgt dieses Noppenblech die Wärme.

Zum Krümmer rechts unten wird die kalte Luft eingeblasen, verteilt sich im Ringkanal und strömt außen am Noppenblech nach oben. Das verbrannte Abgas verlässt den Brennraum oben und strömt innen am Noppenblech nach unten. Im Sammelkanal unten befindet sich noch ein geripptes Wasserrohr, so dass das Abgas links unten aus dem Krümmer nur noch mit 160°C den Brenner verlässt.

Doch damit nicht genug. Dieser Brenner enthält noch eine Besonderheit, die auf den ersten Blick nicht zu sehen ist. Er ist im Gegensatz zu dem Brenner von Philips ein Flox-Brenner. Das Gasgemisch wird in Achsmitte stark beschleunigt und bildet einen Torus. (Deshalb auch die halbkugelförmige Oberseite des Brennraumes.)

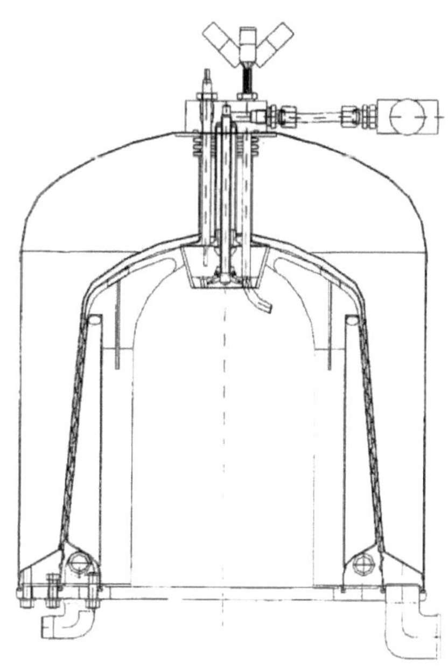

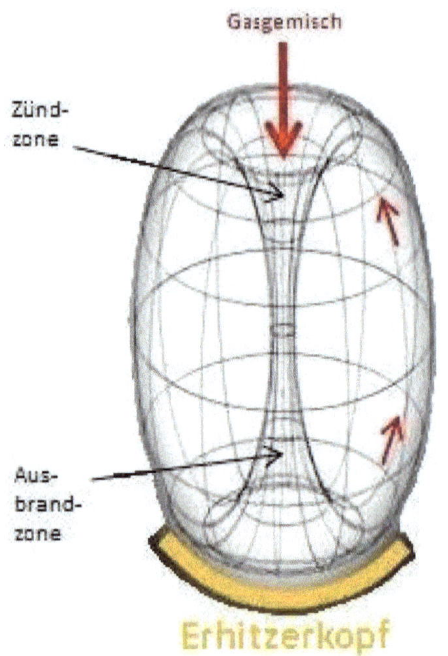

Dabei zirkuliert das Gas 8-10 mal im Torus, bis es als Abgas den Brennraum verlässt. Das senkt die Stickoxid- und Kohlenmonoxid-Emissionen erheblich. Außerdem geht die Geräuschentwicklung des Feuers auf praktisch null herunter. Aus folgendem Grund: In einem normalen Feuer ist die Richtung des Gases die gleiche, wie die des Feuers. Damit das Feuer nicht ausgeht, muss am Rand des Feuers eine Zündungs-Front gegen die Gasströmung ankämpfen.

Diese Zündungsfront besitzt aber keine konstante Geschwindigkeit, sondern erfolgt ruckartig, je nach Gasgeschwindigkeit mehrere Male in der Sekunde bis mehrere tausend Mal in der Sekunde. Die Luft um die Zündungs-Front vibriert entsprechend. Dabei werden Schallwellen erzeugt. Bei langsamen Gasgeschwindigkeiten, z.B. eines Holzfeuers hören wir typischerweise ein Brabbeln, bei einem Gasbrenner (hohe Gasgeschwindigkeiten) ein Brummen oder sogar ein Fauchen. Bei diesem Brenner für Stirlingmotoren dagegen verstummt nach einer kurzen Aufwärmphase das fauchende Geräusch, weil das Gasgemisch mit einsetzender Stabilisierung des Torusses quasi von hinten gezündet wird – <u>mit</u> dem Gasstrom. Eine solche Zündung erfolgt kontinuierlich, ohne Vibrationen und damit absolut leise. Auch das Flammenbild sieht anders aus. Eigentlich sieht man gar keine Flamme, weshalb dieses Brennerkonzept auch „flammenlose Oxidation" und der Brenner abgekürzt Flox-Brenner genannt wird. Aber die starke Abgabe an Hochtemperatur-Wärme auf einen Erhitzerkopf, der von unten in den

Brennraum eingeführt wird, spricht auch ohne sichtbare Flamme für diesen Brenner. Übrigens, Biogas, Klärgas oder Holzgas kann ebenfalls mit dem Flox-Brenner verfeuert werden.

Will man Holz bzw. Holzpelelts direkt verbrennen, sollte der Erhitzer mit seinen Röhrchen um die Flamme positioniert sein, ohne dass die Flammenspitzen an den Röhrchen anstoßen. Wenn dieses „Anstoßen" vermieden wird, gehen die Kohlenmonoxid-Emissionen stark nach unten. Solche Holzbrenner – auch mit Frischluft-Vorwärmung – sind Neuland, aber dürften für kleine Stirlingmotoren schnell Standard werden. Eine besondere Herausforderung der kleinsten unter ihnen, nämlich die mit Peletts-Pfannen, wird wohl die Vereinzelung der Peletts darstellen, die in exakt gleichen Zeitabständen in die Pfanne fallen müssen.

Die Schadstoffwerte in den Abgasen sind je nach Brenner sehr verschieden. Ein Brenner nach dem oben beschriebenen Philips-Prinzip hat, wenn die Flammenspitzen nicht den Erhitzer berühren, nur noch Kohlenmonoxid-Werte von wenigen ppm, aber Stickoxid-Werte von 50 – 200 ppm. Der Flox-Brenner hat typischerweise bei beiden Werten nur noch 1-3 ppm. Das liegt an und der Messgrenze. Im Maschinenlabor von Mayer&Cie. Hatten wir oft 30 ppm Stickoxide in der Frischluft, wenn ein Nordwind Autoabgase von einer belebten Straße zu uns herüberwehte. Dann trotzdem Werte von 1-3 ppm im Abgas zu messen, bedeutete, dass der viele Edelstahl in unserem Brenner zusammen mit den Temperaturen über 400°C eine katalytische Wirkung auf die Stickoxide ausübte, also quasi eine Nachverbrennung der Autoabgase stattfand.

Wenn Holz verbrannt wird, sind im Abgas natürlich auch noch Schwefeloxide enthalten.

Gar keine Abgase haben Stirlingmotoren mit Parabolspiegel, also die solare Anwendung von Stirlingmotoren. Inzwischen sind die Preise von Photovoltaik aber derart gesunken, dass es kaum vorstellbar ist, dass es hier noch einmal zum Einsatz des Stirlingmotors kommt. Aus diesem Grund wird in diesem Buch nicht auf Erhitzer-Umbauten für diesen Zweck eingegangen, obwohl der Autor gerade hier einiges an Erfahrung sammeln konnte.

Nun noch ein Wort zu dem Ventilator für die Frischluft. Er muss nicht nur eine Flammendüse überwinden, sondern zweimal komplett die Strömungswiderstände im Frischluft-Vorwärmer – einmal beim Vorwärmen und ein zweites Mal beim Abkühlen. Deshalb muss man Ventilatoren einsetzen, die einen hohen Druck erzeugen, dann aber sehr schnell laufen. Dadurch wird der Ventilator allerdings zum lautesten Nebenaggregat an der Gesamtanlage, lauter als die Laufgeräusche des Stirlingmotors, wenn dieser nahezu spielfrei gebaut wurde. Da aber unser Stirlingmotor gerade in den Kellern von Einfamilienhäusern Verbreitung finden soll, sind

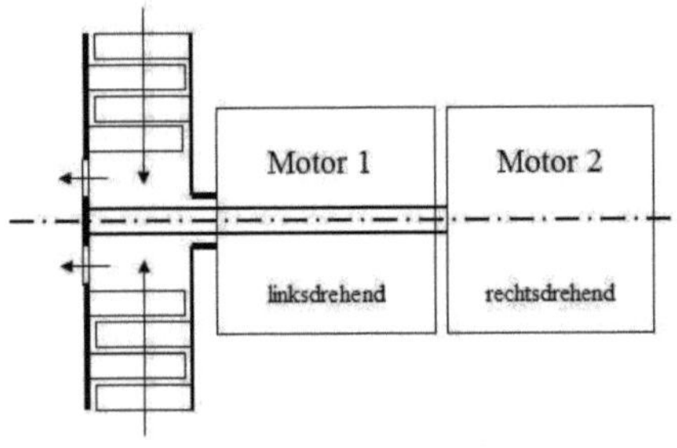

solche Geräusche vor allem in der Schlafenszeit nicht tolerierbar. In der Industrie würde man bei entsprechenden Drücken ein Seitenkanal-Gebläse einsetzen. Aber dessen Geräuschpegel ist noch höher. Und für den Einsatz von Kompressoren ist der benötigte Druck noch viel zu gering. Eine mögliche Lösung wären mehrere, normal-schnelle Ventilatoren hintereinander geschaltet. Es ist auch denkbar, dass sich zwei Ventilatoren die Arbeit teilen, der eine drückt die kalte Frischluft in den Brenner der andere saugt die warme Abluft aus dem Brenner. Der Elektromotor kann dazwischen positioniert sein, so dass beide Ventilatoren auf einer Welle sitzen. Oder man entwickelt irgendwann einen Hochdruck-Ventilator nach dem Ljungström-Prinzip (letztes Bild in diesem Kapitel).

Komponente Erhitzer

Die teuerste Einzel-Komponente des Stirlingmotors stellt der Erhitzer dar. Will man einige Kilowatt aus einem Stirlingmotor generieren, dann müssen wir erst einmal das Drei- bis Fünffache an Wärmeleistung hineinbekommen. Je höher dabei das Temperaturniveau, umso agiler der Output des Stirlingmotors. Hohe Temperaturen wiederum und das auch noch bei hohem Druck bedeuten Materialien, die eine hohe Kriechfestigkeit besitzen. Ab 350°C muss man sich dann von gewöhnlichem Stahl und Aluminium verabschieden. Empfohlen wird bis 470°C V2A, bis 530° V4A und bei noch höheren Temperaturen Inconel. Natürlich halten die Materialien viel mehr aus, aber darum geht es nicht. Die Oberfläche des Erhitzers darf keine dicke Oxidation erfahren, und zwar über seine gesamte Lebensdauer hinweg nicht. Oxidation bedeutet eine wärmeisolierende Schicht, und die können wir schlicht und einfach bei einem Wärmeübertrager nicht gebrauchen. Eine Verfärbung dagegen darf sein.

Wenn der Motor plötzlich nicht mehr läuft und keine Wärme mehr am Erhitzer abgenommen wird, bedeutet dies übrigens, dass

der Brenner auch sofort ausgeschaltet werden muss. Sonst kann der Erhitzer im schlimmsten Fall durchbrennen. Diese Erkenntnis führt automatisch dazu, dass man neben dem Stirlingmotor in einem Einfamilienhaus auch eine Therme oder einen Kessel vorhalten muss. Meist werden mit solchen Wärmeerzeuger ohnehin Wärmespitzen abgefahren und der Stirlingmotor bedient nur die Grundlast.

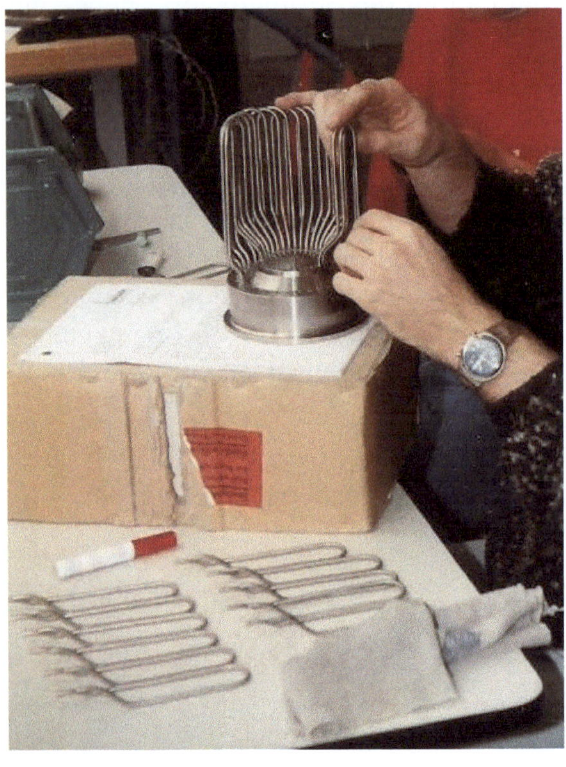

Kommen wir zur Dimensionierung des Erhitzers. Grundsätzlich gibt es zwei verschiedene Arten von Erhitzer, den zylinderförmigen Erhitzer und den Röhrchen-Erhitzer. Beim zylinderförmigen Erhitzer bringen Innenrippen wenig. Da Edelstahl einen schlechten Wärmedurchgangskoeffizient besitzt, kämen ohnehin nur Rippen infrage, die zweimal die Rippenbreite lang wären. Innen haben wir hohe Strömungsgeschwindigkeiten und damit gute Wärmeübergänge. Nein, wo wir Rippen brauchen, ist die Außenseite des Erhitzers. Außer beim Flox-Brenner haben die Abgase nur kleine Strömungsgeschwindigkeiten. Um große Leistungen zu übertragen, geht man deshalb zu den Röhrchen-Erhitzern über. Der innere Durchmesser der Röhrchen richtet sich nicht nur nach der Größe des Motors, sondern auch nach dem Arbeitsgas.

Dabei spielt auch der Atomradius bei der entsprechenden Temperatur eine Rolle. Luftmoleküle brauchen mehr Platz wie Heliumatome. Luftgeladene Stirlingmotoren bis 1kW Wellenleistung können Innendurchmesser von 5mm aufweisen, bei heliumgeladenen Stirlingmotoren bis 10kW Wellenleistung sind 2mm Innendurchmesser angebracht. Eine Röhrchenwandung von 1mm Stärke reicht aus. Bleibt die Frage, wieviel Röhrchen ein Erhitzer erhalten sollte. Testreihen und Simulationen haben gezeigt, dass es so viele sein sollten wie möglich, d.h. so viele, wie im Deckel des Expansionsraumes einge-
bracht werden kön-
nen, ohne dass das
Material zwischen
den Bohrungen zu
schwach ausfällt.
Notfalls muss der
Erhitzerkopf in die-
sem Bereich eine
Verdickung erhalten.

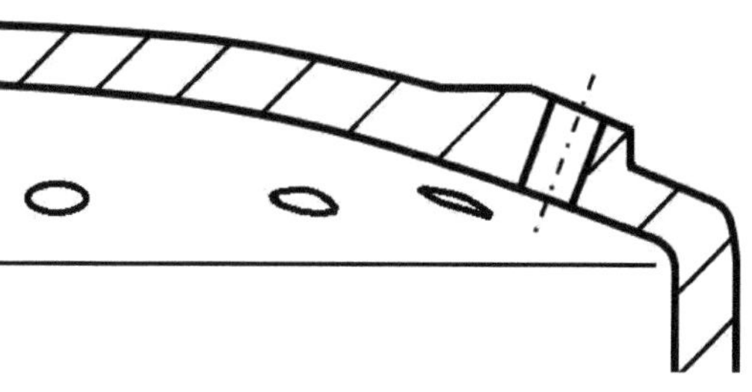

Wie schon bei den zylinderförmigen Erhitzern gilt auch hier: innen gute Wärmeübergänge wegen hoher Strömungsgeschwindigkeiten und deshalb keine Verrippung, aber außen sieht es ganz anders aus. Rippen sind hier eventuell angebracht, vor allem wenn kein Flox-Brenner angewendet wird. Hat man zwei Röhrchenreihen, so ist die innere vorwiegend durch die Wärmestrahlung der Flamme beheizt, die äußere aber vorwiegend durch Konvektion. Entweder man setzt tatsächlich auf Rippen an den Röhrchen (nur durch Hochvakuumlöten realisierbar) oder man beschleunigt die Abgase durch Keramik-Profile. Versuche mit einfachen Keramikrohren haben bereits eine Leistungssteigerung von 20% gezeigt. Das liegt möglicherweise auch daran, dass die Keramikrohre glühend heiß werden und durch ihre Strahlungsenergie die zweite Röhrchenreihe noch einmal zusätzlich heizt.

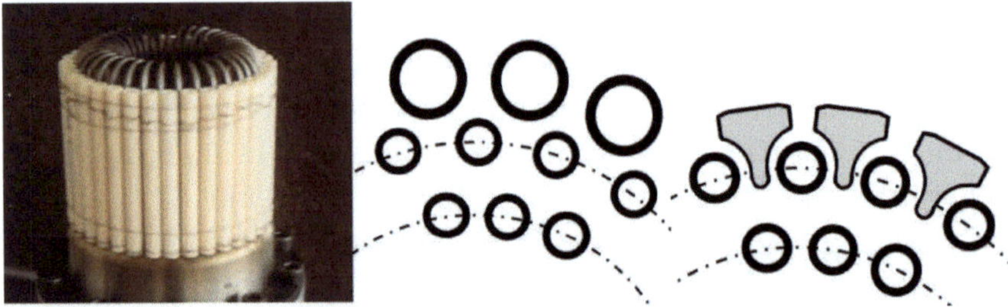

Noch einmal zur Innengeometrie des Erhitzers. Da wir beim Röhrchen-Erhitzer viele parallele Gasdurchgänge haben, gibt es ein Problem, das an dieser Stelle erwähnt werden muss. Alle Röhrchen müssen den gleichen Strömungswiderstand aufweisen. Auch sollten alle Röhrchen gleich viel Wärme von der Flamme erhalten. Außerdem darf kein Temperaturfühler in eines der Röhrchen geschoben werden. Alle Gase haben nämlich die unangenehme Eigenschaft, dass sich ihre Viskosität bei zunehmender Temperatur verschlechtert. In dem Röhrchen, das die höchste Temperatur innehat, befindet sich das „zäheste" Gas. Dadurch wird innen nicht mehr so viel Wärme abgenommen, wodurch bei weiterer Energiezufuhr dieses Röhrchen noch heißer wird, wodurch sich die Zähigkeit weiter steigert usw. Man spricht bei diesem unglücklichen Effekt von einem Hot-Spot. Bei Solarmotoren war dies ein wirkliches Problem, da durch Winddruck auf den Spiegel der Brennpunkt nie stillstand. Aber auch bei unsymmetrischen Befeuerungen kann es dabei zum Durchbrennen des Erhitzers kommen.

Die Röhrchen können auf dreierlei Weise am Erhitzerkopf bzw. dem Regeneratorgehäuse angebracht werden. Die einfachste Verbindung ist das WIG-Schweißen. Der Deckel des Expansionsraumes bzw. des Regeneratorgehäuses wird dabei erst nach dieser Schweißung mit dem Regeneratorhäuse verschweißt.

Die Röhrchen werden durch die Bohrungen gesteckt, so dass kein Überstand vorhanden ist. Durch die Verschweißung gibt es einen strömungsgünstigen Einlauftrichter an den Röhrchen-Enden, ein gewisser Vorteil gegenüber den anderen Verfahren, deren Röhrchen-Ende mit dem Konusbohrer angefast werden muss. Diese haben dagegen den Vorteil, dass die nachträgliche Schweißung am Regeneratorgehäuse wegfällt. Es sind die beiden Verfahren Hochvakuumlöten und Laserstrahlschweißen.

Vorsichtig bei geschweißten Erhitzern: Sie dürfen nicht auf Dichtigkeit abgeprüft werden, indem der Motor kurz mal als Kältemaschine laufen gelassen wird. Die Kerbschlagzähigkeit geht dann enorm in die Knie und die Röhrchen ziehen sich mehr zusammen, als der Erhitzerkopf, wodurch es dann zu einem Riss in einer der Schweißnähte kommt.

Komponente Regenerator

Ein Stirling ohne Regenerator ist wie Nahrung ohne Vitamine. Der Regenerator ist wohl die Komponente, die am meisten unterschätzt wird.

Robert Stirlings Motoren hatten bereits einen Regenerator, der als Röhrchenpaket im Verdränger verlief. Er nannte ihn Economiser, hatte also seine Bedeutung schon voll erkannt. Alexander Rider vergaß dagegen in seinen Motoren einen speziellen Regenerator einzusetzen. Er sah offenbar diese Komponente nicht als wichtig an oder kannte sie gar nicht. Trotzdem hatten alle seine Motoren einen winzigen Regenerator, nämlich den Überströmkanal zwischen den beiden Zylindern. Erst Ericsson erkannte die Bedeutung.

Heute wissen wir, dass die Leistung eines Stirlingmotors im Wesentlichen vom Regenerator abhängt. Seine Struktur und große Oberfläche machen den Motor erst richtig lebendig.

Grob gesagt ist der Regenerator ein Kurzzeit-Wärmespeicher. Viele von uns nutzen im Winter einen Schal als Regenerator, indem sie sich diesen zum Durchatmen um den Mund binden. Die ausgeatmete Luft erwärmt den Schal und beim Einatmen erwärmt sich die kalte Luft am Schal, so dass die Bronchien die Luft nur noch nachwärmen brauchen. Beim Stirlingmotor spart man bis zu 90% an Heizleistung durch die Vorwärmung und ebenso viel an Kühlleistung bei der Vorkühlung ein. Der Überdruck in der Druckphase erhält einen sehr viel größeren Wert und ebenfalls der Unterdruck in der Saugphase. Und wenn der Arbeitskolben diese hohen Zyklusdrücke zu „spüren" bekommt, dann leistet er natürlich auch entsprechend mehr.

Modellmotoren besitzen lediglich einen Ringspalt als Regenerator (Abbildung oben links). Umso länger dieser Ringspalt ist, umso größer ist Fläche und damit die Leistung. Eine Aufrauhung dieser Ringspaltflächen bringt sogar oft noch mehr Leistung. Treibt man

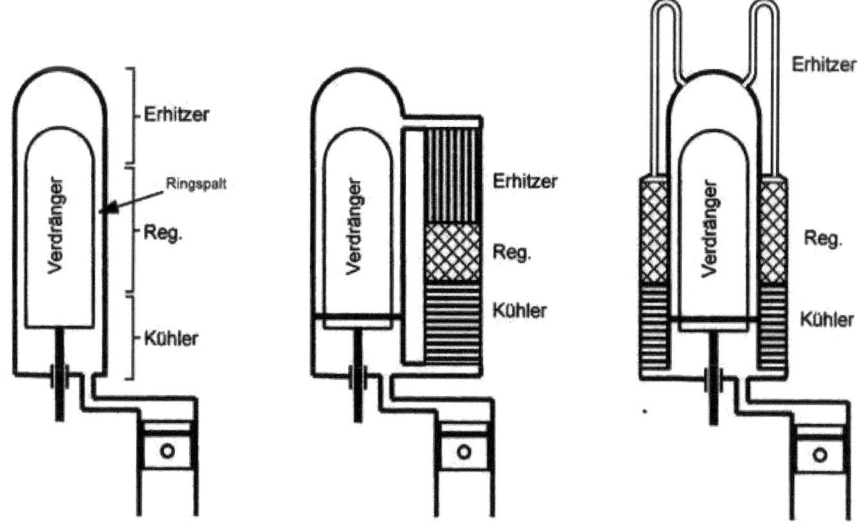

aber beides in die Höhe, wird irgendwann der Totraum so groß, dass die Leistung dann wieder abnimmt. Es gibt also ein Optimum, das es herauszufinden gilt.

Gehen wir in der Stirlingpyramide eine Stufe aufwärts zu den Demonstrationsmotoren. Ab hier möchte man noch mehr Leistung. Aber Vorsicht beim Haschen nach noch mehr Leistung! Irgendwann ab 10 Watt ist der Motor kein Spielzeug mehr und muss ständig abgebremst werden, um nicht durchzugehen! In dieser Leistungsklasse reicht der Ringspalt als Regenerator nicht mehr aus. Er wird einfach ausgelagert (Abbildung oben in der Mitte). Dazu muss man dem Verdränger im kalten Bereich einen Kolbenring verpassen und die Luft um den Verdrängerzylinder herum durch separate Wärmetauscher schicken, nämlich einen Erhitzer, einen Regenerator und einen Kühler. Der Regenerator und dann zweckmäßigerweise auch der Kühler können auch ringförmig um den Verdrängerzylinder angeordnet sein (Abbildung oben rechts). Der Erhitzer und der Kühler kann ein Rippen-, Nobben- oder ein Röhrchenwärmeübertrager sein. Dazwischen kommt der Regenerator. Wer ihn einfach aufbauen will, stopft in diesen Raum Edelstahl-Wolle oder ein Edelstahl-Rundgestrick.

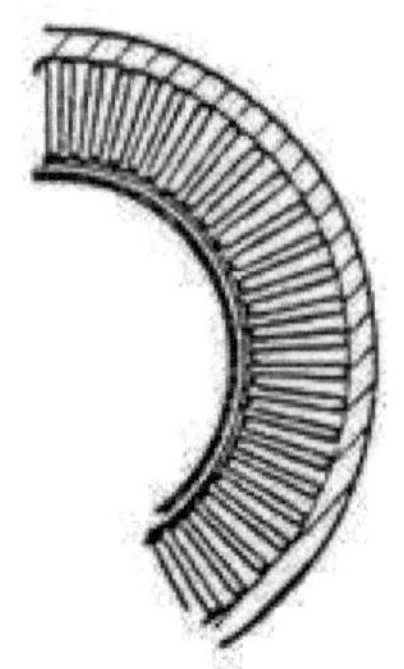

Für Luft hat sich auch ein Faltenblech wie in Abbildung rechts bewährt. Der lichte Abstand zwischen den meandernden Blechen sollte dabei 0,5 bis 0,9 mm betragen.

Die anspruchsvollsten, teuersten aber auch wirksamsten Regeneratoren stellen Drahtgewebe dar. Für Heliummaschinen werden hunderte von Lagen aus 0,05 mm und dünnerem Draht zwischen zwei Decklagen aus grobem Drahtgewebe eingesetzt. Alle Drahtgewebe werden unter hohen Temperaturen vorher gesintert und erst dann ausgestanzt. Man setzt die Ronden nicht von Hand, sondern mit dem Roboter auf ein langes Rohr, an dessen Ende sich das Innen- und Außengehäuse des Regenerators befindet. Dann werden mit einem Ringstempel alle Lagen auf einmal zusammengepresst und überstehende Kanten am Regeneratorgehäuse umgebördelt und so die Drahtgewebe „eingesperrt". Um uns ein Gefühl zu geben, was dabei möglich ist: für den Stirlingmotor LG1-100 wurde ein Regenerator von 70 mm Innendurchmesser und 122 mm Außendurchmesser und 21mm Höhe verwendet. Die Gewebe-Oberfläche dieses Hightec- Regenerators maß über 4 m².

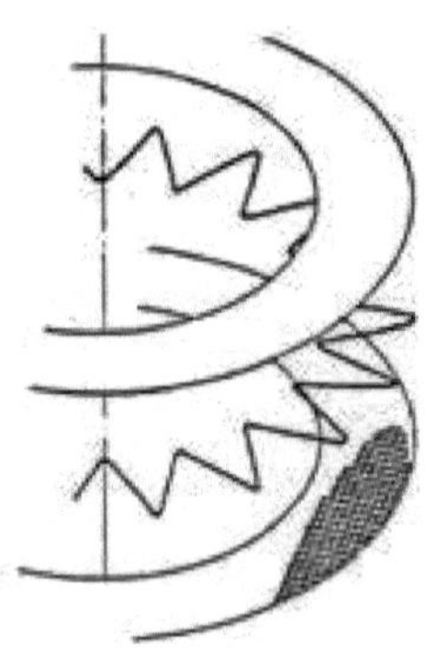

Für Luft eignen sich solche Geschosse jedoch weniger, da sie in den Zwischenräumen nicht nur Durchlasskanäle sondern auch Taschen bilden, die die Strömung der viel größeren Luftmoleküle behindert. Da helfen dann nur Drahteinlagen zwischen den Geweben, die entweder aus engen Schlangenlinien (Abbildung links) oder aus weitmaschigen, extrem dünnwandigen Drahtgeweben bestehen.

Komponente Kühler

Bei jeder physikalischen Tätigkeit wird Wärme frei, sogenannte Abwärme. Wir kennen das sogar von unseren Muskeln. Beim Sport werden sie warm und überhitzen. Bringt das Blut die Abwärme nicht schnell genug weg, fängt man sogar an zu schwitzen. Und um den Wärmeübergang in die Umgebung zu verbessern, ziehen wir schließlich den Trainingsanzug aus.

Bis der Autokühler erfunden wurde, hatten die ersten Automobile ebenfalls ein Problem, und zwar mit der Reichweite. Der Wagen konnte nur ca. einen Kilometer weit gefahren werden, denn der Motor durfte nicht überhitzen. Man musste ihn abkühlen lassen und konnte dann erst weiterfahren, wieder nur einen Kilometer.

Stirlingmotoren kommen auch nicht ohne Kühler aus. Die Probleme halten sich dabei allerdings in Grenzen. Sie beschränken sich auf Stirlingmotoren, die als Kraft-Wärme-Kopplung fungieren und auf den Tschernobyl-Effekt, aber alles der Reihe nach.

Grundsätzlich gibt es drei verschiedene Ansätze, das Arbeitsgas zwischen Regenerator und dem Kompressionsraum abzukühlen:

- Ein massiver Block mit Bohrungen

- Rippen, die von außen in den Kühler hineinragen, und

- Röhrchen, die mit Luft oder Wasser umspült werden.

Beim ersten Ansatz wird der Block bzw. Ringblock meist von außen durch Wasser gekühlt. Er besteht fast immer aus Aluminium. Die Bohrungen haben bei Luft einen Durchmesser von 1,5 bis 2 mm und ihre Anzahl und Länge sollte so gewählt werden, dass sie zusammen ca. die gleiche Oberfläche wie der Erhitzer haben. Das Längen-Durchmesser-Verhältnis kann bis zu 20 betragen, was Tiefbohr-Fertigung vom Feinsten bedeutet. Die Bohrungen sollten beidseitig gut gefast sein. Die besten Strömungswiderstände erzielt

man mit beidseitigen Diffusoren und abgerundeten, trompetenartigen Einlauftrichtern. Das läuft dann auf ein Formwerkzeug hinaus, das man nach der Tiefbohrung einsetzt.

Bei Helium kann man durch Simulation ein Optimum von 0,2 bis 0,3 mm Durchmesser errechnen. Solche kleinen Durchmesser haben allerdings nur theoretischen Wert, es sei denn, man kann in Zukunft mit 3D-Druckern solche Durchmesser sauber fertigen.

Beim zweiten Ansatz geht es um Rippen, zwischen denen das Arbeitsgas hindurchfließen muss. Bei Luft ist ein Spalt von 1 mm angebracht, bei Helium wieder sehr viel kleiner. Auch hier muss beidseitig gut angefast werden.

Der dritte Ansatz sind viele winzige Röhrchen im Wasserbad. Die Röhrchen müssen auf beiden Seiten gut dichten. Schweißungen sind zwar dicht, aber wenn nicht alle Röhrchen gleichzeitig abkühlen, gibt es Spannungsrisse in den Schweißnähten. Kerzengerade Röhrchen sind daher nicht zielführend, sie sollten mindestens einmal schwach gebogen sein, meist sind sie es zweimal. Das Material der Röhrchen kann durchaus aus Edelstahl bestehen. Der schlechtere Wärmedurchgang wird durch die dünne Wandung wieder kompensiert.

Kommen wir zum Problem der Kraft-Wärme-Kopplung. Will man durch das Aggregat nicht nur Elektrizität, sondern auch Wärme generieren, dann arbeitet der Kühler nicht im Bereich von 10 °C, wie bei Meerwasserkühlung, sondern bei 60°C (Fußbodenheizung) bis zu 90°C (bei Radiatoren). Die Temperaturen sind deshalb so hoch, weil ein Wasser/Wasser-Wärmeübertrager zwischen dem Motor-Kühlkreislauf und dem Heizungswasser benötigt wird. Falls einer der Dichtringe am aufgeladenen Motor zum Kühler hin undicht wird, kann man so verhindern, dass der Heizungs-Kreislauf explodiert. Die hohen Kühler-Temperaturen haben zur Folge, dass die Dichtringe aus Fluorpolymeren bestehen müssen.

Vor allem der O-Ring, der zu den heißen Teilen hin abdichtet, sollte daraus bestehen. In Tschernobyl wurde 1986 ein Experiment gemacht, das zum größten Unglück in der Technikgeschichte führte. Man wollte herausfinden, ob es nach einer Abschaltung möglich ist, allein mit der Restwärme des Reaktors die eigene Kühlung aufrecht zu erhalten, ohne dass man Fremdenergie für die Kühlpumpen aus Dieselaggregaten benötigt. Durch dieses verantwortungslose Experiment wurde eine große Menge radioaktiver Stoffe frei, tausende Menschen starben und Millionen von Menschen erlitten gesundheitliche Schädigungen. Beim Heißteil des Stirlingmotors haben wir glücklicherweise keine radioaktiven Materialien. Aber beim Abstellen eines Stirlingmotors sollten wir ebenfalls darauf achten, dass die Kühlwasserpumpe noch ein paar Minuten nachläuft, sonst kann der O-Ring zwischen dem Kühler den heißen Teilen durchschmoren. Besonders gefährlich für den O-Ring sind Stromunterbrüche. Falls dann der Motor und die Kühlwasserpumpe abrupt stehen bleiben, kann der Heißteil seine Restwärme nicht durch Austrudeln abgeben. Der glühend heiße Heißteil überträgt dann seine Wärme metallisch über den Regenerator in Richtung Kühler und kann in den nächsten Minuten den O-Ring beschädigen. Abhilfe würde hier ein Thermosyphon-Effekt zu dem bereits oben erwähnten Wasser/Wasser-Wärmeübertrager bringen, falls dieser höher als der Kühler angebracht ist. Die große Masse dieses Wärmetauschers fängt dann die Wärmemenge auf ohne dass die Kühlwasserpumpe läuft.

Zweckmäßig ist es außerdem, diesen gefährdeten O-Ring in eine axiale Nut im Kühler zu legen, so dass nur eine Fläche des O-Rings der heißen Seite zugewandt ist und er durch die anderen drei Seiten der Nut gekühlt wird.

Komponente Verdrängerkolben

Der Verdränger ist ein typisches Maschinenbauteil des Stirlingmotors, das in kaum einem anderen technischen Gerät vorkommt. Er hat die Aufgabe, das heiße Arbeitsgas, das sich über ihm befindet, in den kalten Zylinderteil zu verdrängen, der sich unter ihm befindet. Dabei macht er eine Aufwärtsbewegung. In der nächsten Halbwelle verdrängt er das kalte Arbeitsgas dann wieder in den heißen Zylinderteil über ihn. Dabei bewegt er sich dann nach unten. Oder anders ausgedrückt: Die oszillierende Bewegung des Verdrängers bewirkt eine oszillierende Bewegung des Arbeitsgases, aber immer genau in Gegenrichtung.

Bei Niedertemperatur-Stirlingmotoren besteht er vielleicht nur aus einem Stück Schaumstoff, der dann gleichzeitig als Regenerator wirkt. Zwischen 80°C und 300°C kann er aus gewöhnlichem Stahlblech bestehen, bei noch höheren Temperaturen besteht er aber fast immer aus Edelstahl.

Es wird empfohlen, die Baulänge des Verdrängers auf den Hub plus 20 mm / 100 K Differenztemperatur festzulegen, bei Ringspalt-Regeneratoren auch deutlich mehr.

Die zweite Aufgabe des Verdrängers besteht darin, die Differenztemperaturen von einander fernzuhalten. Deshalb, und damit er möglichst leicht ist, besteht kein Verdränger aus massivem Material. Außer bei den Niedertemperatur-Stirlingmotoren ist der Verdränger immer ein Hohlkörper. Um Wärmeübertragung durch Strahlung in dem Hohlkörper von der heißen Seite zum kalten Verdrängerboden zu behindern, sollten Strahlungsbleche im Verdränger installiert werden. Sie dürfen aber nicht druckdichte Abschottungen ergeben, warum, dazu gleich mehr. Die Bleche können sehr dünn sein, sollten aber gebogen sein, da sie sonst ständig umknicken und sie sich dann irgendwann von ihrer Befestigung losreißen. Die Abstände zwischen den Strahlungsblechen können 5 bis 20 mm betragen, die Anzahl mindestens eines pro 250 K Differenztemperatur.

Damit der Hohlkörper kein negativer Totraum für den Kreisprozess darstellt, muss der Verdränger gasdicht sein. Bei Leistungsmotoren, die tausende von Stunden arbeiten sollen, darf der Hohlraum bei der Montage außerdem keinen Sauerstoff mehr enthalten. Dazu ist im Verdrängerboden eine kleine M3-Bohrung vorgefertigt, durch die von unten ein dünnes Röhrchen gesteckt und der Verdränger langsam mit Helium gefüllt wird. Das Helium muss an den Strahlungsschilden vorbei bis in den Teil gelangen, der nachher mit den höchsten Temperaturen beaufschlagt wird. Ist der Verdränger vollständig mit Helium gefüllt, wird das Röhrchen herausgezogen und immer noch in der gleichen Lage von unten zugeschraubt. Die Verschraubung sollte allerdings nicht absolut gasdicht sein. Sonst implodiert der Verdränger, wenn er das erste Mal hohe Drücke und geleichzeitig hohe Temperaturen um sich herum verspürt. Deshalb sollten Leistungsmotoren auch nicht abrupt mit Arbeitsgas befüllt und sofort gestartet werden. Es hat sich bewährt, die Dichtigkeit mit heißem Wasser zu prüfen. Dazu wird neben dem ca. 40° heißen Wasser ein offenes Heliumbad aufgebockt, am besten eine umgestülpte durchsichtige Plastikschüssel oder etwas wie den Deckel eines alten Plattenspielers. Dieses Gefäß wird mit Helium gefüllt. Dann wird der Verdränger mit dem Verdrängerboden zu oberst für eine Minute ins Wasser getaucht und die austretenden Heliumblasen gezählt. 2 bis 10 dürfen sein. Danach wird der Verdränger aus dem Wasser genommen, sofort mit einem saugfähigen Tuch um die Verschraubung herum getrocknet und in dieser Lage – also immer noch mit dem Verdrängerboden zuoberst - in das Heliumbad von unten eingetaucht und abgestellt. Beim Abkühlen wird dort wieder Helium durch die Verschraubung eingesaugt. Der Verdränger verbleibt anschließend bis zur Montage im Motor in diesem Heliumbad. Fragt sich, wie fertigt man eine Verschraubung mit definierter Undichtigkeit? Hier gibt es mehrere Methoden: Schrauben mit aufgerauter Kopf-Unterseite oder entsprechenden Verletzungen auf dem gegenüberliegenden Sitz. Aber auch Gewindestifte, die mit Schraubensicherung Loctide mittelfest verschraubt und nach 15 Minuten noch einmal ein paar Grad verdreht werden (aufgebrochene Kristallisation) haben sich bewährt.

Der Kolbenboden muss nicht aus Edelstahl, sondern kann auch aus normalem Stahl bestehen. Wird Aluminium gewählt, so muss der Boden innen verrippt sein. Beides, der Verdrängerboden und der obere Teil, der Verdrängerdom, müssen gasdicht miteinander verbunden werden. Wenn der Verdrängerboden aus Aluminium besteht, kommt neben Verschweißen und Verlöten auch Verkleben in Frage, allerdings nur mit einem Zweikomponenten-Kleber auf Harzbasis mit vorheriger, gründlicher Reinigung der Klebeflächen.

Der Kolbendichtring aus Teflon-Compound am Verdrängerboden kann klein und einfach geschlitzt oder auch schräg geschlitzt sein. Er hat nicht die Aufgabe, hohe Differenzdrücke zu trennen wie beim Arbeitskolben, sondern nur die Differenzdrücke, die durch die Strömungsverluste am Erhitzer, Regenerator und Kühler entstehen. Dadurch legt er sich allerdings auch nicht von alleine an die Zylinderwandung an. Man benutzt einen dünnen Blechstreifen (0,05 bis 0,15, je nachdem wie steif der Kolbenring

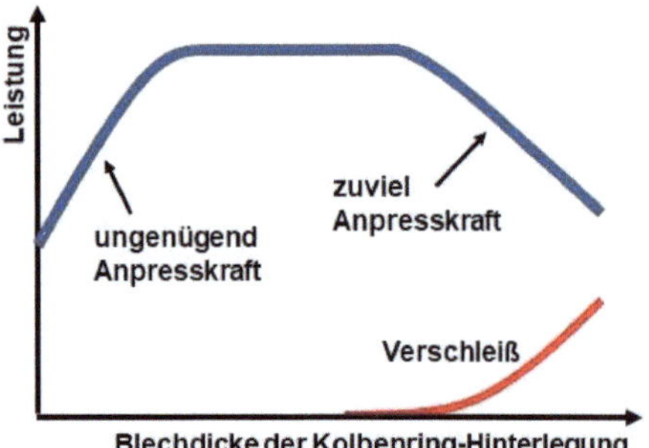

ist) und hinterlegt damit den Kolbenring. Zu den Enden hin wird dieses Leining etwas gebogen, damit die kleine Anpresskraft überall ungefähr gleich ist. Bei ungenügend Anpresskraft gibt es Leistungseinbußen und genauso bei zuviel Anpresskraft. Auch Blechstreifen aus Bimetall sind schon getestet worden.

Kommen wir zur Kolbenstange. Welchen Durchmesser darf, muss, sollte sie haben? Da sie ein Volumen im Kompressionsraum einnimmt und wir bei zu großem Volumen keine vernünftige Verdrängung des Arbeitsgases mehr haben, darf der Durchmesser nicht groß sein. Die größten Kräfte, die an der Kolbenstange zerren, sind die Umkehrkräfte an den Totpunkten. Wenn man sie berechnet, kommt man auf ein Durchmesserverhältnis von ungefähr 1 zu 25 des Durchmessers des Verdrängers. Aber eine so dünne Kolbenstange lässt den Verdränger zu sehr hin- und herschwingen. Ein gesundes Maß, das sich bewährt hat, ist 1 zu 8 bis 1 zu 10 des Durchmessers des Verdrängers.

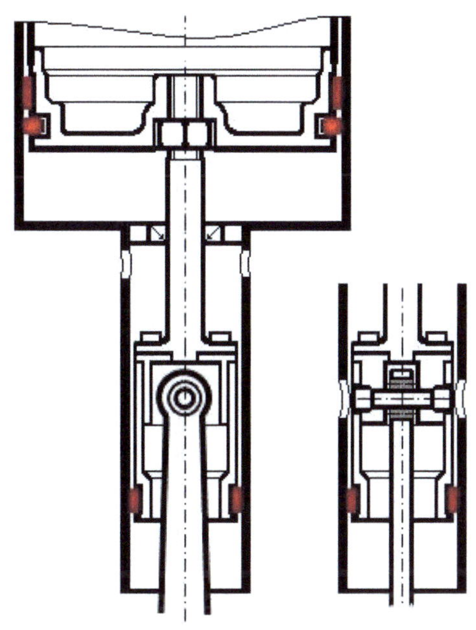

Die Verdrängerkolbenstange wird entweder durch zwei Teflonhülsen im Gehäuse geführt (wie bei der Viebach-Maschine) oder nur durch die untere der beiden Hülsen, wobei dann die zweite Stützebene eine Kolbenbandage direkt neben dem Kolbenring des Verdrängers darstellt. Noch mehr Länge zwischen den Stützebenen gewinnt man mit einem Rohr, in das das Anlenkpleuel hineinragt, wie die Skizze rechts zeigt.

Komponente Arbeitskolben

Der Arbeitskolben wandelt die durch den Verdränger generierten Druckschwankungen in nutzbare kinetische Energie um.

Der Arbeitskolben besitzt bei trockenlaufenden Stirlingmotoren nicht nur mindestens einen Kolbenring, sondern auch mindestens eine Kolbenbandage auf Teflon-Basis. Bis ins Jahr 2000 hat man bei der Bandage normalerweise glasfaserverstärktes Teflon eingesetzt. Inzwischen gibt es mehr auf dem Markt. Man sollte sich von den einschlägigen Firmen beraten lassen. Das ausgeschnittene Bandagen-Band wird in flache Nuten, die vorher aufgeraut wurden, eingeklebt. Als Kleber dient Zweikomponenten-Kleber auf Harzbasis. Dann wird die Bandage auf Maß abgedreht. Danach wird die Passung zum Zylinder thermisch überprüft. Dazu erwärmt man den Arbeitskolben mit dem Zylinder in einem Ofen, und zwar ca. 20 K über der erwarteten Temperatur während des Laufes. Dann sollte der Arbeitskolben gerade noch so im Zylinder verschiebbar sein, 20 K tiefer bereits frei gleiten. Auf die Weise stellt man beim Profimotor sicher, dass der Stirlingmotor eine lange Lebensdauer und minimale Geräuschemissionen aufweisen wird. Man benötigt dazu einen elektrisch beheizten Ofen, in dem von unten die Kolben über Stangen von außen bewegt werden können, und sensible Messaufnehmer, die feinste Zug- und Druckkräfte in den Stangen erfassen. Natürlich gehört auch eine automatische Beschickung dieser Öfen mit den Kolben/Zylindereinheiten dazu.

Bei trockenlaufenden Stirlingmotoren benutzt man Kolbenringe aus kohlefaserverstärktem Teflon, wie sie bei Kompressoren eingesetzt werden. Sie besitzen einen Stoß (siehe oben), der in der einen Richtung gasdicht ist. Bei Profimotoren benutzt man zwei solche Kolbenringe, dreht den zweiten auf den Kopf, so dass in beiden Richtungen eine Gasdichtheit erreicht wird. Wie beim Kolbenring des Verdrängers kann man auch hier Blechstreifen hinterlegen.

Bei Beta-Stirlingmotoren geht die Kolbenstange koaxial durch ihn hindurch. Ein kleiner Ring aus Teflon dichtet hier die Kolbenstange gegenüber dem Arbeitskolben ab. Er kann mit einer Rasierklinge geschlitzt sein. Vorher sollte auf jeden Fall seine Passung thermisch geprüft werden. Dabei geht man wie oben bei der Kolbenbandage vor.

Man kann auch Kolbenstangen-Dichtungen für trockenlaufende Kompressoren an dieser Stelle benutzen. Meist sind sie allerdings zu steif, nehmen zu viel Drehmoment weg, so dass man die Zugfedern, die um das Paket herumgeschlungen sind, herausnehmen und durch Zugfedern ersetzen muss, die eine geringere Federrate besitzen.

Noch ein Wort zur Bezeichnung von Stirlingmotoren, wie man sie üblicherweise vorfindet. Sie hängt mit dem Arbeitskolben zusammen. Nach einem firmeninternen Buchstaben-Kürzel steht die Anzahl der Arbeitsräume, dann ein Minuszeichen und schließlich der Hubraum des Arbeitskolbens in cm^3, z.B. LG1-100.

Komponente Getriebe und Gehäuse

Verlassen wir den thermodynamischen Teil des Stirlingmotors und gehen zum Getriebe über. Besonders hier zeigt sich der Stirlingmotor in seiner ganzen Vielfalt. Es gibt viele Möglichkeiten und Kombinationen der Anordnung und fast jeder, der sich mit dem Stirlingmotor befasst, kommt auf eine neue Variante. Neulinge finden sich kaum zurecht in dem Dschungel. Es tut Not, Klarheit über das Notwendige zu bekommen und sich vielleicht auch wieder einmal auf das Wesentliche zu konzentrieren.

Die meisten Klemmzüge im Getriebebereich sind dem Trocken-

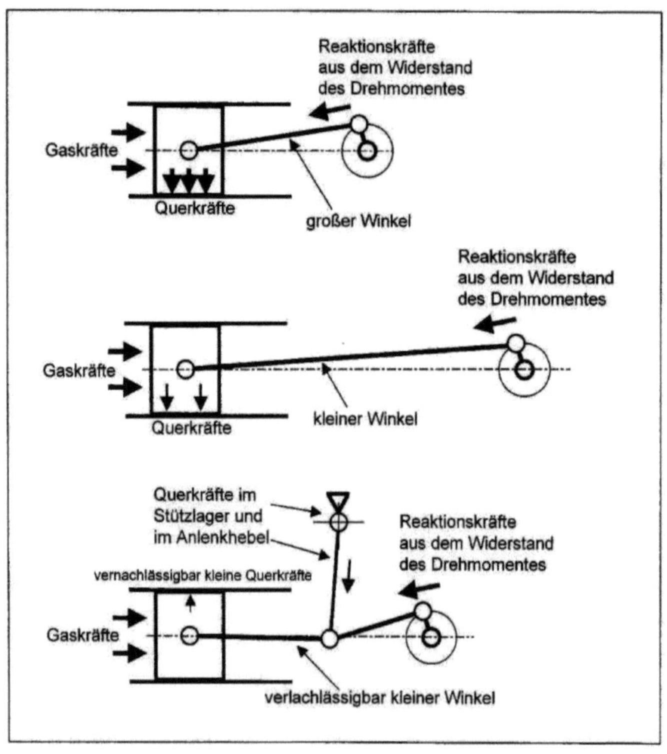

lauf geschuldet. Die Erkenntnis, dass im Erhitzer kein Öl ankommen darf und entsprechende Kolbenstangendichtung zu teuer sind, bedeutet, dass sich bei Stirlingmotoren der dritten Generation auch kein Öl im Getriebe befinden darf. Wenn aber Öl verboten ist, müssen wir die Kolben trocken schmieren. Dabei gilt es, die Querkräfte, die sich durch die Schiefstellung des Pleuels ergeben, trocken abzufangen. Teflon-Bandagen sind angesagt. Die Erfahrung zeigt leider, dass man beim Arbeitskolben kaum über 250 Stunden Lebensdauer hinauskommt. Sehr lange Pleuel würde kleinere Winkel an den Pleuel bedeuten, aber dadurch werden die Getriebegehäuse zu groß. Erst der Anlenkhebel bringt uns auf die Zielgerade, vor allem weil man jetzt durch den vernachlässigbaren kleinen Winkel am Anlenkpleuel wirklich von einer Querkraft-Minimierung sprechen kann. Es hat sich gezeigt, dass dann die glasfaserhaltigen Teflon-Bandagen am Arbeitskolben keinen Abrieb mehr haben, also als dauerfest bezeichnet werden können, wenn die Länge des Anlenkhebels und des Anlenkpleuels ungefähr den vierfachen Hub besitzen. Ob dies auch mit dem drei- oder zweifachen Hub möglich ist, müssen weitere Entwicklungen zeigen.

Dies prinzipiell zum Anlenkhebel. Moderne Stirlingmotoren werden nicht ohne Anlenkhebel auskommen, wenn sie erfolgreich sein sollen. (Als Freikolbenmaschine hat der Stirlingmotor nicht das Problem der Querkräfte, aber ob der kleine Wirkungsgrad hier zum Erfolg zum Erfolg führt, bleibt abzuwarten.)

Anlenkhebel-Systeme können sehr verschiedenartig sein. Darum soll es im Folgenden gehen.

Die für lange Lebensdauer notwendigen Symmetrie benötigt mindestens drei Wälzlager, wobei die bzw. das Wälzlager für den Anlenkhebel kleiner dimensioniert werden kann. Auf jeden

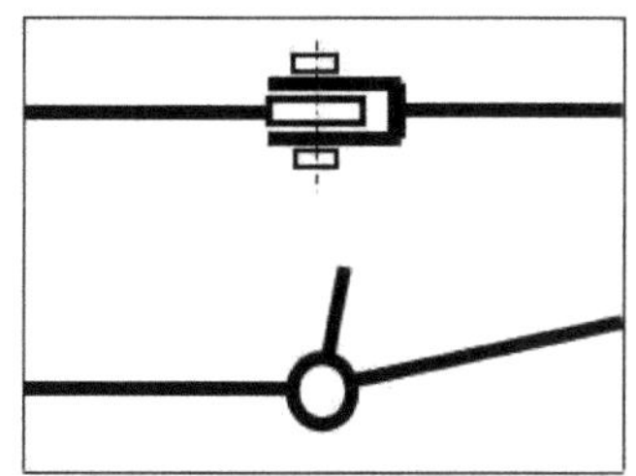

Knoten einfacher Anlenkhebel

Fall müssen an diesem Knoten zwei Gabeln ineinandergefügt werden.

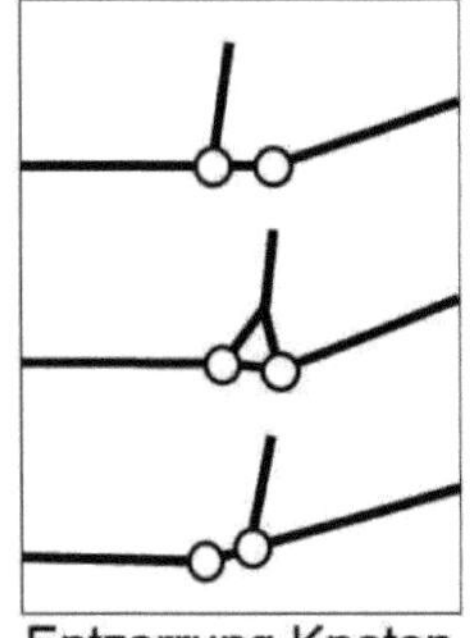

Entzerrung Knoten

Um den Knoten zu entzerren, kann sowohl das Anlenkpleuel, der Anlenkhebel wie auch das Pleuel zwei Gelenkpunkte erhalten. Der Nachteil sind wieder etwas größere Winkel und damit Querkräfte. Aber es gibt auch einen Vorteil bei einem solchen Anlenkhebel: Die Wälzlager, die hier keine großen Winkel vollziehen, werden nicht nur auf Zug und Druck, sondern in allen Richtungen im Kreis beansprucht, so dass sich das Fett besser verteilt und eine lange Lebensdauer zu erwarten ist.

Es gibt noch vier besondere Formen des Anlenkhebels, bei dem diese Entzerrung ebenfalls realisiert wird. Eine davon ist der Winkelhebel. Er wird vor allem beim Beta-Typ des Öfteren eingesetzt. Die Auswuchtung gestaltet sich allerdings dabei etwas schwierig. Deshalb benutzt man den Winkelhebel nur für den Verdrängerkolbentrieb und hofft, die dünnen Gestänge fallen bei den Vibrationen des Motors nicht so sehr auf.

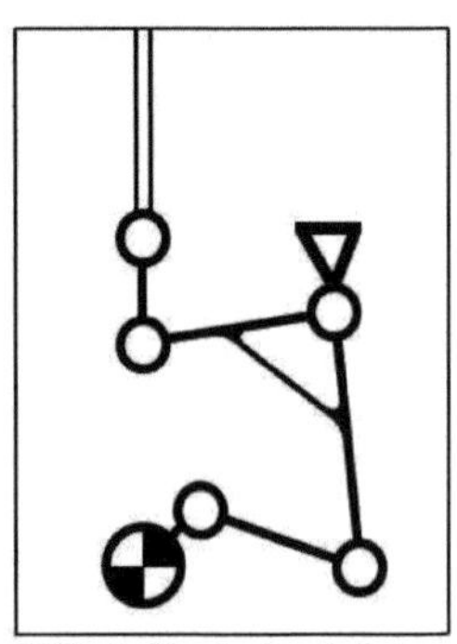

Winkelhebelgetriebe

Eine zweite Sonderform des Anlenkhebels stellt der Querhebel dar. Hier gibt es die Möglichkeit der Hubvergrößerung bzw. Hubverkleinerung oder umgekehrt der Kraftreduktion bzw. Krafterhöhung, je nachdem, wie man den Querhebel anordnet. Setzt man das Stützlager des Querhebels in die Mitte, erhält man als dritte Sonderform die Wippe. Allerdings gibt es einen Nachteil für alle Querhebel und die Wippe:

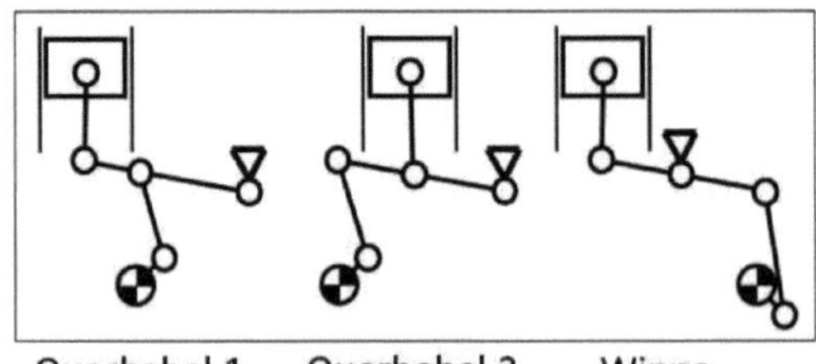

Querhebel 1   Querhebel 2   Wippe

Es tauchen im Stützlager wieder größere Kräfte auf. Trotzdem kann diese Anordnung von Vorteil sein.

Die vierte Sonderform stellt das Doppelhebelgetriebe dar. Es ist nicht überbestimmt und es entsteht überhaupt keine Querkraft auf den Kolben bzw. die Kolbenstange. Schon Robert Stirling benutzte dieses Getriebe 1816.

Alle Anlenkhebel – auch die Sonderformen – können sowohl zwischen der Kurbel und

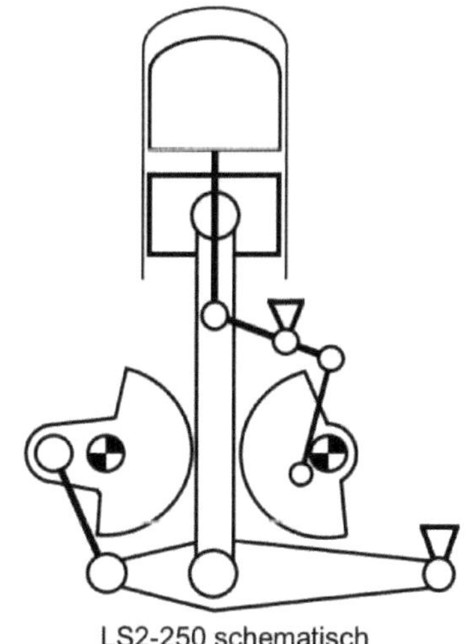

Doppelhebelgetriebe

dem Kolben angeordnet sein, als auch unterhalb der Kurbel. Die Kurbel wird bei diesen weiteren Varianten quasi in die Mitte genommen. Im ersten Fall sprechen wir von oberliegenden Anlenk- bzw. Querhebeln, im zweiten Fall von untenliegenden Anlenk- bzw. Querhebeln. Die untenliegende Anordnung hat den Vorteil, dass das Anlenkpleuel sehr lang wird, ohne dass das Gehäuse sehr viel größer werden muss. Lange Anlenkpleuel bedeuten wieder eine Reduzierung des Winkels und damit noch weniger Querkräfte und noch höhere Lebensdauer. Im Folgenden zwei Beispiele.

Bei dem Beta-Motor LS2-250 (Abb. links) sehen wir zwei Wellen, links für den Arbeitskolben und rechts für den Verdrängerkolben. Der untenliegende Querhebel gehört zum Arbeitskolben-Triebwerk, während der Verdränger über eine obenliegende Wippe bedient wird. Dieser Motor ist sehr kompakt, vor allem weil hier der Getrieberaum vom Arbeitsraum drucktechnisch getrennt

LS2-250 schematisch

werden kann, doch dazu später mehr. Dieses Stirlingmotorgetriebe kann außerdem durch die beiden Kurbelbacken der gegenläufigen Wellen elegant ausgewuchtet werden. Wenn das Anlenkpleuel des Arbeitskolbens durch zwei parallele Teile realisiert wird, gibt es bei diesem Getriebe nur eine Überbestimmtheit, und diese scheint beherrschbar zu sein, wenn die Pleuelaugen oben und unten in einer Aufspannung hergestellt werden. (Unten das Gussmodell des Querhebels dieses Stirlingmotors.)

Der Stirlingmotor LS1-100 (nächste Seite) hat ebenfalls Anlenkhebel. Das Arbeitskolben-Triebwerk besitzt einen untenliegenden Anlenkhebel (im Foto zum Teil verdeckt), das Verdränger-Triebwerk einen obenliegenden Anlenkhebel. Beide Anlenkhebel sind über den Knotenpunkt hinweg nach links hin verlängert. Diese Verlängerung dient dazu, dass der bewegte Massenschwerpunkt der Anlenkhebel wieder in Zylinder-Achsmitte des Motors zurückkommt. Außerdem gibt es bei diesem Motor ein Pleuel nach links. Dieses Pleuel ist nicht mit einem Kolben verbunden, sondern nur mit einem Anlenkhebel, der oben sehr stark verdickt ist. Dieses Gewicht fungiert lediglich als Massenausgleich.

Um vom unteren Knoten zum Arbeitskolben zu gelangen, musste man mit zwei Stangen um die Kurbel herum konstruieren. Das hat sich bewährt. Die Joche sollten allerdings wegen der Wechselfestigkeit nicht aus Alu sondern aus Stahl bestehen.

Bei der Konstruktion von Stirlingmotoren mit untenliegenden Hebeln ist der Winkel, der für die Querkräfte verantwortlich ist, derart klein, dass mit Ernst die Frage gestellt werden muss, ob der Arbeitskolben überhaupt einen Gelenkpunkt benötigt. Dieser Gelenkpunkt ist extrem schwierig nachzuschmieren. Also weg mit ihm, eine Sorge weniger! Beim LG1-100 hat sich gezeigt, dass die Kolbenbandagen nicht messbar- also nur theoretisch - ballig werden und 10.000 Stunden ohne Mühe erreicht werden können.

Beim Stirlingmotor LG1-100 wurde der Arbeitskolben starr mit dem oberen Joch verschraubt, und zwar mit zwei Schrauben und je einer Abstandshülse. Auf dem Foto letzte Seite sind die Abstandshülsen gut zu sehen, die Unterseite des Arbeitskolbens nur ansatzweise.

Bei der schematischen Skizze des Getriebes unten wurde auf die Teile unteres Joch, die zweite Stange, oberes Joch und die zwei Abstandshülsen samt Schrauben verzichtet. Vom unteren Knoten bis zum Arbeitskolben kann man alles als eine starre Einheit betrachten. Auf Seite 96 ist die Nullserienvariante (WG1-100) dieses Motors zu sehen, bei der diese starre Einheit als Gusskonstruktion mit einem wechselfesten Gussstahl verwirklicht wurde.

Nun kommen wir zur Kurbel. Gekröpfte Kurbel sind nur mit speziellen Drehmaschinen herzustellen. Bei dem Stirlingmotor LG1-100 wurde ein anderer Weg beschritten. Er besitzt einen Exzenter als Kurbel. Dieser Exzenter ist auf dem Foto oben in der Mitte der Messingscheibe zu sehen. Er enthält außerdem eine kleine Bohrung für das Nadellager des Verdrängerpleuels. Rechts dicht neben diesem Nadellager ist die Anschraubung des Exzenters an der Generatorwelle zu

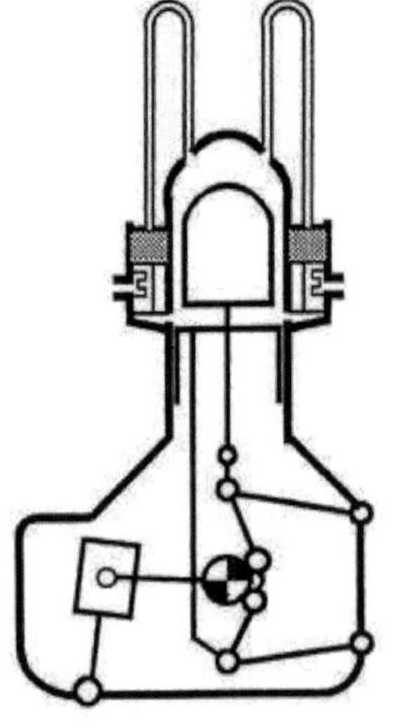

LG1-100 schematisch

sehen. Dieser Anschraubpunkt befindet sich genau in Achsmitte des Generators. Die Messingscheibe dient als Abdeckung für das Nadellager.

Gekröpfte Kurbelwellen aus mehreren Teilen sind nur sehr schwer in der erforderlichen Genauigkeit herstellbar. Soll die Spitze der Stirlingpyramide erreicht werden, so gehören gebaute Kurbelwellen ins Firmenmuseum. Zu den Wälzlagern gleich mehr.

Zuvor soll die Kinematik der Vollständigkeit halber mit folgenden Hinweisen abgeschlossen werden: Erstens wurde immer wieder der Versuch unternommen, die Ecken des pV-Diagramms mit diskontinuierlichen Kolbenhub-Verläufen auszufahren. Der Gewinn an Leistungs- und Wirkungsgrad ist tatsächlich messbar, aber mit 10 bis 15 % sehr gering im Verhältnis zu den enormen Problemen, die man sich dadurch aufhalst. Es ist mit Ernst davon abzuraten, wenn wir einen schnelldrehenden Stirlingmotor bauen wollen, der zigtausende von Stunden auf Volllast große Mengen von Energie umsetzen soll. Je mehr die ideale Sinuskurve verlassen wird, um so größere Schwierigkeiten gibt es bei der Auswuchtung. Wenn der Verdränger diskontinuierlich gesteuert wird, gibt es zusätzlich Probleme im Regenerator: Genau wie beim Alpha-Typ und dem Rombentriebwerk werden bei der Durchströmung des Maschengewebes in der einen Richtung bei höheren Gasgeschwindigkeiten andere Wärmeübergänge realisiert, wie bei den niedrigeren Gasgeschwindigkeiten in der anderen Richtung. Die Folge ist eine Verzerrung der Temperaturrampe im Regenerator, so dass im Extremfall nur noch wenige Lagen des Drahtgewebes aktiv an der Rege-

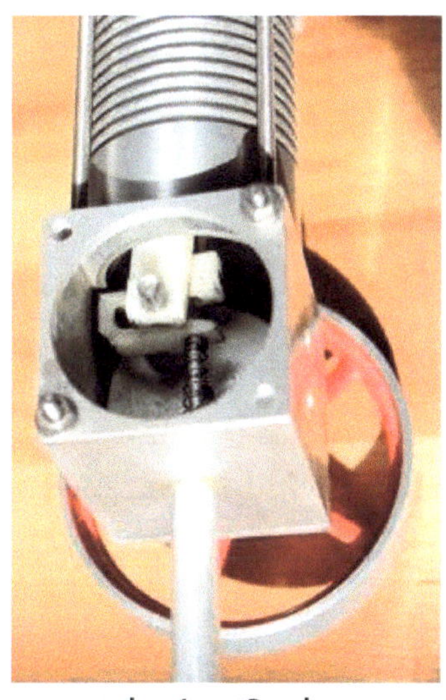

...auch eine Sackgasse:
Das Hakengetriebe
95% Ausnutzung des pV-Diagramms

neration teilnehmen. Zweitens sei der Hinweis erlaubt, dass mit zwei entgegengesetzt drehenden Wellen meist Probleme mit Überbestimmtheiten auftreten. Das Thema Auswuchtung kann so zwar genial gelöst werden, aber die Entwicklungen z.B. des Romben- und des Carlqvist-Getriebes führten nur in eine Sackgasse. Sie waren jeweils 8-fach überbestimmt, was sich bei hohen Drehzahlen zerstörend auf das Getriebe auswirkte.

Kommen wir zu den Wälzlagern. Kugellager sind zwar leicht zu bekommen, sollten aber möglichst nicht für die hochbeanspruchten Hauptlager an Welle und Kurbel benutzt werden. Für diese schnelldrehenden Lager sind Tonnenlager am geeignetsten. Noch besser wären Carblager, beides mit enger Lagerluft. Durch ihre leicht gekrümmte Form werden immer wieder kleine Fettanteile von außen in die Laufbahn hineingeschlemmt. Zylinderrollenlager oder Nadellager dagegen verdrängen nur das Fett, so dass die Lager langsam trocken laufen, obwohl am Rand genügend Fett vorhanden wäre. Für die anderen Lagerstellen, die lediglich kleine Schwenkbewegungen ausführen, reichen Nadellager (bitte keine Nadelbüchsen oder Nadelhülsen verwenden, da ihre ungehärteten Laufbahnen nicht für wechselnde Kräfte geeignet sind). Die Wälzlager, die nur Schwenkbewegungen ausführen, werden mit einem Fett dauergeschmiert, eventuell mit einem kleinen stirnseitigen Fettdepot. Die schnelldrehenden Lager müssen dagegen nachgeschmiert werden, sonst ermüdet das Fett nach ca. 3000 Stunden. Beim LG1-100 wurden die Hauptlager alle 500 Stunden nachgeschmiert, und zwar mit nur 10% des Anfangs-Fettvolumens. Damit sahen die Lagersitze nach 10.000 Stunden immer noch absolut sauber aus, so dass weitere 10- oder sogar 20.000 Stunden durchaus möglich erschienen. Aber eine automatische Nachfettung hatte diese Maschine noch nicht. Sie sollte in einem nächsten Schritt entwickelt werden, wozu es aber nicht mehr kam.

Nun zum Fett selbst. Bei der Kraft-Wärme-Kopplung befinden wir uns im Temperaturbereich von 60 bis 90°C am Gehäuse und 120 bis 180°C in den Wälzlagern. Normales Kugellagerfett würde unter diesen Bedingungen zu flüssig sein und schnell versagen. Wir brauchen ein Fett, das bei Raumtemperatur noch steif ist und erst bei 80°C weich wird. Im Handel sind sogenannte Schwerlastfette. Sie sollten bei 100°C noch eine Grundöl-Viskosität von über 35 mm²/s aufweisen. Die Dauergrenztemperatur kann ruhig bei 80°C liegen, da wir keinen Sauerstoff im Stirlingmotor haben. Am besten sind synthetische Hochtemperatur-Schmierstoffe mit Esterölen und perfluorierten Polyetherölen. Diese Fette haben eine Dauergrenztemperatur von 200°C.

Bei der automatischen Nachschmierung muss das Fett erst auf über 100°C aufgeheizt werden, damit es leicht in alle Lager gedrückt werden kann. Dann kommen zwei Methoden in Frage. Bei der ersten Methode wird das Fett wie bei der Druckölschmierung in Explosionsmotoren in einen Raum zwischen zwei Simmerringe gepresst. Dann wandert das Fett durch eine seitliche Bohrung in die Welle und dort in einer Zentralbohrung bis an die Wälzlager. Bei unseren Schwerlastfetten geht das nur, wenn alle Teile Betriebstemperatur haben, da hier lange und enge Wege zurückgelegt werden müssen. Wenn dies nicht möglich ist, muss man einen anderen Weg mit einer Art Roboter gehen. Diese zweite Methode sieht dann wie folgt aus: Der Motor wird angehalten und in einer bestimmten Winkelposition arretiert. Dann wird die roboterähnliche Vorrichtung entriegelt und an die Schmiernippel geschwenkt. Nach der Befettung schwenkt die Vorrichtung zurück und arretiert. Schließlich kann die Motorwelle des Stirlingmotors wieder entriegelt werden und weiterlaufen. Bei beiden Methoden ist es wichtig, dass Sensoren in den Lagern eine erfolgreiche Befettung melden.

Vorsicht bei Sauerstoff im Motor und erhöhtem Druck! Komprimierte Luft über 50 bar enthält so viel Sauerstoff, dass das Fett in den Wälzlagern explodiert. Diese Explosionen sind heftig und zerreißen nicht nur den Motor, sondern auch das Gebäude, indem dieser untaugliche Versuch stattfindet!

Bei Stirlingmotoren, die nicht höher als 10 bar aufgeladen werden, besteht die Gefahr einer Fettexplosion nicht. Hier kann tatsächlich Luft als Arbeitsgas eingesetzt werden. Aber es gibt auch damit ein Problem. Wasserdampf im Getriebe, und zwar schon in kleinsten Mengen als Feuchtigkeit in Verbindung mit Sauerstoff lässt die Stahlteile des Motors, vor allem aber die Wälzlager korrodieren. Die Luft muss vorher getrocknet werden.

Auch bei mit Helium aufgeladenen Stirlingmotoren dürfen wir nicht einfach Helium in den Motor geben. Vorheriges Evakuieren mit einer Vakuumpumpe (ca. halbe Stunde) ist notwendig. Dabei ist es wich-

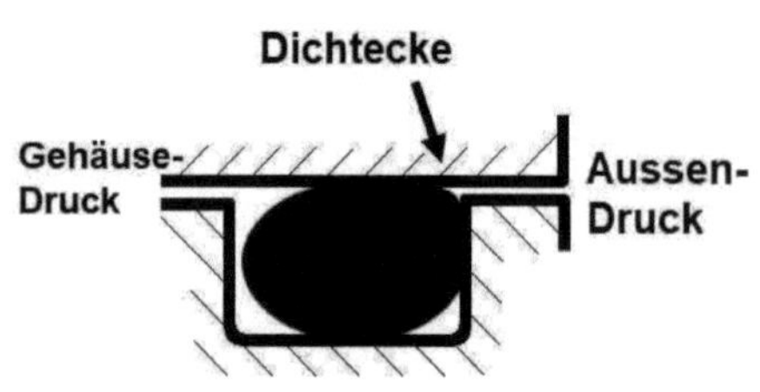

tig, dass die O-Ringe in ihren Nuten fest sitzen. Will man Helium über Jahre ohne Nachladung kapseln, sollten die Nuten und die Gegenfläche an der Dichtecke eine Rauhtiefe von unter 4 µm haben und der Dichtspalt in der Dichtecke höchstens 20 µm betragen.

Bei Stirlingmotoren, die mit Stickstoff aufgeladen werden, sind 10 µm Rauhtiefe und ein Spalt von 30 µm anzustreben. Besitzt man keine Vakuumpumpe und möchte den Motor mit Stickstoff aufladen, so empfiehlt es sich, mit Helium zu spülen. Dazu wird der gesamte Motor so aufgebockt, dass der Gas-Stutzen zu unterst kommt. Dann Schraubt man den Gas-Stutzen aus und schiebt in die Bohrung ein Röhrchen, durch das man Helium hineinbläst. Die Luft kommt neben dem Röhrchen heraus, was man mit einer Flamme immer wieder kontrollieren kann. Erlischt sie, ist der Getrieberaum mit Helium gefüllt. Nun lässt man den Motor langsam rotieren, während man weiter Helium hineinbläst. Dadurch gelangen immer mehr Teile Helium in den Arbeitsraum. Besitzt der Motor einen Bypass zwischen Arbeitsraum und Getrieberaum, öffnet man ihn und kann so die Spülzeit erheblich reduzieren. Dann schraubt man den Gas-Stutzen ins Gehäuse und dreht den gesamten Motor um 180°. Dann lässt man zunächst nur ein bar Überdruck Stickstoff hinein, dreht den Motor wieder langsam und lässt nach 5 Minuten das obenliegende Helium ab. Diese Prozedur mehrere Male wiederholen. Ob noch Helium herauskommt, sieht man allerdings nicht an einer Kontrollflamme, sondern man muss beim Ablassen einen Blechnapf oder tiefen Blechteller darüberstülpen, eine Minute warten und dann mit der Kontrollflamme von unten in den Napf hineingehen. Wenn sich noch Helium im Napf befindet, wird die Flammenspitze flach und die Flamme erlischt schließlich. Es ist aber für den Kreisprozess nicht störend, wenn noch ein Rest Helium im Arbeitsgas enthalten ist. Er wird in den nächsten Monaten langsam aus dem Motor entweichen.

Stirlingmotoren sind durch die Aufladung sehr kompakt geworden. Aber es gab in der Entwicklung, was das Leistungsgewicht angeht, noch einen weiteren, gewaltigen Entwicklungssprung, als man den Gehäuseraum vom Arbeitsraum druckmäßig abkoppelte. Dazu muss man nicht nur den Verdrängerkolben, sondern auch den Arbeitskolben mit einer 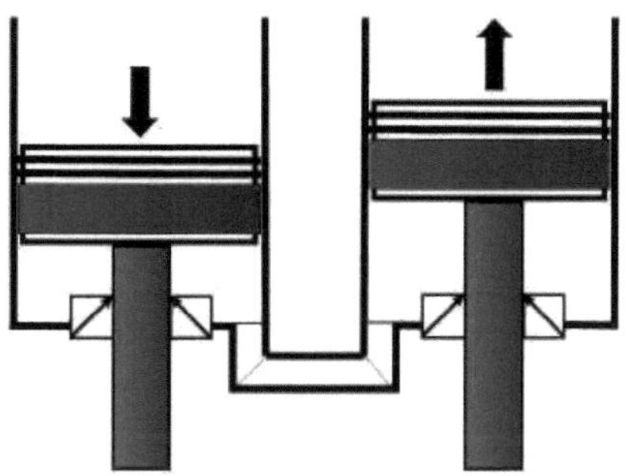 Kolbenstange versehen. Diese Kolbenstange muss dicker sein, als die des Verdrängerkolbens, da sie ja 20 bis 30 Mal mehr an Kräfte übertragen muss. Dann benötigt man einen rückwärtigen Zylinderboden am Arbeitszylinder, durch den die Kolbenstange geführt wird. Als Abdichtung dient eine Stopfbuche aus Teflon. Die Kolbenstange muss über eine glatte Oberfläche verfügen. Oder die Kolbenstange besitzt kleine Kolbendichtringe aus Teflon und die Buchse eine glatte Oberfläche. Beides ist nicht einfach herzustellen. Der Raum zwischen dem Kolben und dem rückwärtigen Zylinderboden darf außerdem nicht zu einer Kompressionskammer werden. Deshalb besitzt dieser Raum ein Überströmrohr in einen zweiten solchen rückwärtigen Zylinderraum eines benachbarten Stirlingsystems, das zum ersteren mit einer Phase von 180° läuft. Auf diese Weise schieben sich die beiden Kolben lediglich das Helium gegenseitig hin und her. Der komplette Aufwand lohnt sich, vor allem bei größeren Stirlingmotoren, denn nun braucht die Wandung des Gehäuses nicht mehr den Mitteldruck der Aufladung von z.B. 80 bar zu halten, sondern nur noch 2 oder 3 bar und kann dadurch wesentlich dünner konstruiert werden. Man spart dadurch bis zur Hälfte des Gewichtes eines Stirlingmotors ein, bei gleicher Leistung des Stirlingmotors!

Bei Stirlingmotoren mit nur einem Arbeitsraum kann man auch eine Abkopplung der Druckräume Arbeitsraum/Gehäuseraum vornehmen. Dabei schließt man das rückwärtige Überstromrohr an ein Puffergefäß an. Je kleiner dieses Puffergefäß ist, umso mehr Leistung geht allerdings verloren. Ein empfohlener Kompromiss ist das zwanzig- bis vierzigfache Volumen des Arbeitskolben-Hubvolumens.

Wir hatten einige Seiten zuvor gesehen, dass sich mit untenliegenden Anlenk- bzw. Querhebel sehr lange Anlenkpleuel und dadurch starke Querkraft-Minimierung und lange Lebensdauer an den Kolbenbandagen realisieren lassen. Eine solche Anordnung kann auch mit rückwärtigem Zylinderboden realisiert werden, allerdings nicht, wenn wie beim Beta-Stirlingmotor die Verdränger-Kolbenstange mitten

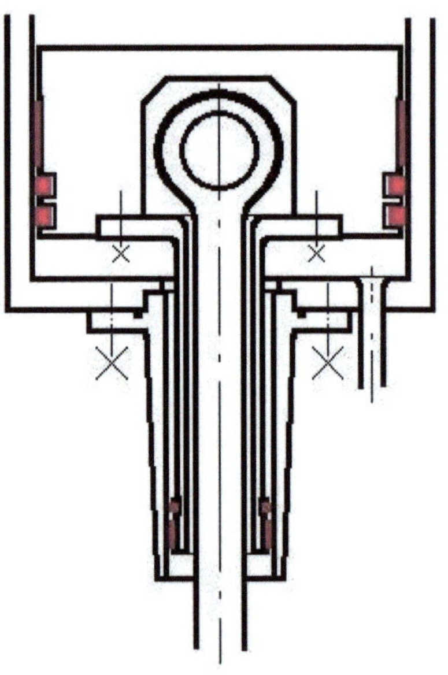

durch den Arbeitskolben gehen muss. Bei den folgenden Vorschlägen geht es also um den Gamma-

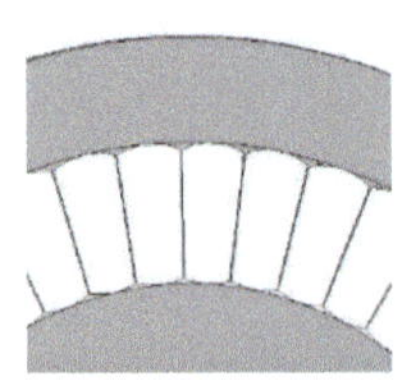

Stirlingmotor. Der erste Vorschlag ist, den Arbeitskolben mit einem Rohr darunter zu verschrauben, das seinerseits Kolbenring und Bandage enthält und in einem Rohr geführt wird, das starr mit dem Gehäuse verbunden ist. Die Schwenkbewegung des Nadellagers im Kolben ist derart klein, dass die Nadeln zu Tortenstückchen geschliffen werden können, so dass ein Vielfaches an Linienberührung und Tragzahl realisiert wird (Abb. auf Seite 94).

Der andere Vorschlag betrifft eine starre Verbindung von Anlenkpleuel und Kolben wie beim LG1-100, und zwar mit einem Tunnelrohr.

Das Tunnelrohr bildet dabei eine bewegliche Dichthülse zwischen dem Anlenkpleuel und einem Dichtrohr (hellblau), das fest

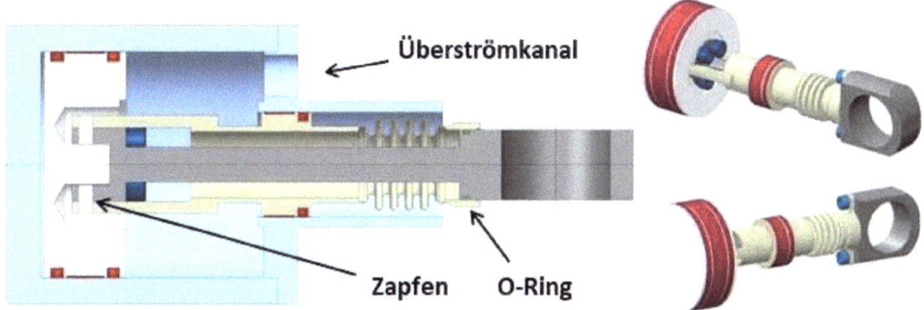

mit dem Zylinder (ebenfalls hellblau) verbunden ist. Es wird mit dem Faltenbalg zuerst über das Anlenkpleuel gestülpt und beim Pleuelauge mit einem O-Ring (im Schnitt grün abgebildet) gedichtet und mit zwei Schrauben verschraubt. Dann werden die beiden kleinen Zapfen, die später in die Kolbenmitte verschoben werden, gut eingefettet und montiert. Abschließend wird das Anlenkpleuel an den Kolben geschraubt. Die kleine Schwenkbewegung des Pleuelauges kann also ungestört bis zum Kolben weitergegeben werden, während das Tunnelrohr bis zum Faltenbalg koaxial zum Zylinder mitoszilliert. Dabei fungiert der kleine Kolbenring auf dem Tunnelrohr, der nur in einer Richtung dichten muss (Dichtlippen wie beim Arbeitskolben beschrieben) als Dichtelement zwischen dem rückwärtigen Raum des Arbeitskolbens und dem Gehäuseraum. Im Schnittbild ist oben im rückwärtigem Zylinderboden eine Bohrung zu sehen, der Anschluss für ein Überströmrohr zu einem anderen Zylinder oder einem Puffergefäß.

Bei der Konstruktion von Getriebegehäusen von Stirlingmotoren haben sich zwei Ausgestaltungen als besonders beliebt herausgestellt: die Ringbauweise und die geteilte Bauweise. Der Stirlingmotor LS1-100 und LG1-100 (S steht für Schweiß-Variante, G steht für Guss-Variante als Gehäuse) besitzt ein Gehäuse in Ringbauweise. Dabei verläuft die Achse des ringförmigen Gehäuses koaxial zur Kurbelwelle. Vor allem bei Ein-System-Motoren ist dies eine gängige Bauweise. Die Zylinder mit den Kolben sind seitlich dieses

LS1-100 in Ringbauweise (vor der Montage der Generatorkappe)

WG1-100 in geteilter Bauweise
(vor dem Aufsetzen des Oberteils)

Gehäuses angeflanscht. Die Kolben müssen von außen bei der Montage zugeführt werden und werden erst danach im Getriebe mit der Kurbelwelle verbunden. Diese schwierigere Montage ist ein Nachteil, der Vorteil ist eine einfache Zugänglichkeit des Getriebes zur Kontrolle oder zum Nachschmieren durch den vorderen Deckel. Die Ringbauweise wird vor allem bei Prototypen bevorzugt. Bei der anderen Bauweise teilt man das Gehäuse längs der Kurbelwelle, meist auch in Höhe der Kurbelwelle, ähnlich wie bei Turbinengehäusen. Der Vorteil liegt darin, dass das Getriebe mit den Kolben fertig montiert und dann einfach das Oberteil mit den Zylindern darübergestülpt werden kann. Am Teilungsflansch wird kein O-Ring sondern eine gummierte Sicken-Flachdichtung eingesetzt. Dabei darf es keine Taille in der Gehäusemitte geben, sonst kann man das Gehäuse nicht abdichten. Turbinengehäuse sind aus diesem Grund ebenfalls in der Mitte immer am breitesten. Bei der geteilten Bauweise integriert man den Generator normalerweise immer in das Gehäuse.

Übrigens, Motorengehäuse sind von der Druckkesselverordnung ausgenommen. Durch ihre Versteifungen im Inneren, die wegen der Lagerstellen gebraucht werden, gelten Motorgehäuse nicht als Druckgefäße. Dennoch sollten wir eine Prüfung machen. Bei dieser Prüfung wird allerdings kein Wasser benutzt, wie bei Druckgefäßen, sondern Helium mit vorherigem Anlegen von Vakuum. Wasser bekämen wir nur noch schlecht wieder aus den Oberflächen heraus, das gilt vor allem bei den Oberflächen von Wälzlagern. Wir benutzen also Helium, verlassen aber dabei sicherheitshalber den Raum. Der vorgesehene Überdruck muss 50% überschritten und 15 Minuten gehalten werden. Ein Prüfdruck über dieses Maß hinaus ist ausdrücklich nicht zu empfehlen!

Nach dem Drucktest sollte man ein Überdruckventil oder eine Berstscheibe in das Gehäuse einschrauben. Der Abblasdruck dieser beiden Sicherheits-Einrichtungen sollte ungefähr in der Mitte zwischen dem vorgesehenen Gehäusedruck und dem Prüfdruck liegen.

Bei allen energieumsetzenden Prozessen entsteht Abwärme. Das gilt auch für die Wälzlager im Getriebe. Größere Stirlingmotoren sollten deshalb über eine Kühlung des Gehäuses verfügen, damit die Gebrauchsdauer des Lagerfetts gestreckt wird. Kupferrohrschlangen im Gehäuse sind wegen des hohen Gehäusedruckes nicht geeignet (Gefahr der Implosion). Besser ist es, einen der seitlichen Flansche oder Deckel mit Wasser zu kühlen.

Aber es gibt noch einen effektiveren Weg: Generatoren besitzen oft Blechpakete im Stator, die gegenseitig leicht verdreht sind, so wie eine Spirale das Helium in eine Richtung axial fördert. Diesen Effekt kann man mit einer Ringleitung aus Stahl ausnutzen (rot) und hier einen separaten Heliumkühler (hellblau) realisieren. Das Kühlwasser (gelb) kühlt zuerst den Heliumkühler, dann über einen Pumpkreislauf auch den Stirling-Kühler.

Komponente Bremse

Kaum ein technisches Gerät kommt ohne Sicherheitssysteme aus, und unter diesen wiederum sind es besonders die Bremsen, die fast überall vorkommen.

Wobei sie eigentlich kontraproduktiv sind, denn wenn ein Autofahrer immer nur bremsen würde, käme das Auto nicht voran – die Bestimmung des Autos, nämlich das Fahren einer Strecke, würde nicht in die Tat umgesetzt werden.

Wenn ein Pilot mit Schubumkehr starten wollte, könnte sich das Flugzeug nie vom Boden erheben.

Andererseits wäre ein Auto ohne Bremse nichts wert und außerdem eine Gefahr für sämtliche andere Verkehrsteilnehmer und ein Düsenjet ohne Schubumkehr könnte nicht sicher landen.

Bremsen sind also wichtig.

Umso erstaunlicher ist es, dass bei Stirlingmotoren bis jetzt kaum jemand an eine Bremse gedacht hat. Und das, obwohl fast jeder kaputte Modelmotor, die der Stirlingdoktor zu Gesicht bekam, nach Aussage der Besitzer zu hohe Drehzahlen abbekommen hatte. Dabei spielt das Phänomen des „Durchgehens" eine große Rolle: Der Motor wird erst unter Abnahme eines Drehmomentes gefahren und plötzlich stolpert jemand über das Stromkabel oder der Zahnriemen zum Generator fällt ab. Es gibt hundert Gründe, warum die Kurbelwelle plötzlich keinen Widerstand mehr spürt und die Drehzahl abhaut. Da hilft es dann auch nichts, wenn die Wärmequelle sofort ausgeschaltet wird. Der Erhitzer ist zunächst immer noch heiß. Die Drehzahl geht zwar anschließend zurück, aber nur langsam – viel zu langsam für das sensible Triebwerk. Vor allem das Verdränger-Triebwerk verabschiedet sich schon oft innerhalb der ersten Sekunde und falls es sich nicht zerlegt hat, dann sind die Pleuelaugen doch meistens ausgeschlagen.

Warum also nicht an eine Bremse denken? Ja, es sollte eigentlich eine Selbstverständlichkeit werden, dass in jedem Stirlingmotor eine Bremse gegen Überdrehzahlen eingebaut wird.

Dabei gibt es eine ganze Reihe von Möglichkeiten. Im Folgenden sollen sie vorgestellt werden:

Die Fliehkraft-Bremse ist für den Anfang das Einfachste und Beste, das man seinem Stirlingmotor antun kann. Doch wer seinen Motor mehr als 100 Stunden laufen lassen will, sollte hier nicht die billige Variante mit radialen Fliehgewichten einsetzen. Oben sieht man eine solche Fliehkraftbremsen mit radialer Führung.

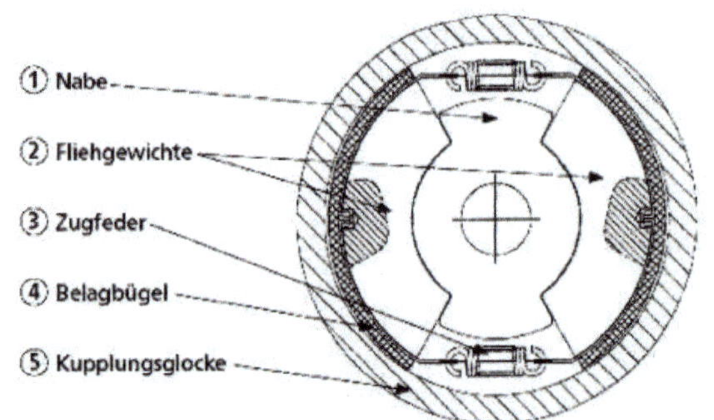

In dem Foto rechts sieht man neben einer noch neuen Bremse, Bremsbacken, die 3200 Stunden in einem Stirlingmotor mitgelaufen sind, ohne dass die Bremse ausgelöst hat. Aber am inneren Radius sieht man, wie sich die Nabe in das Fliehgewicht hineingearbeitet hat.

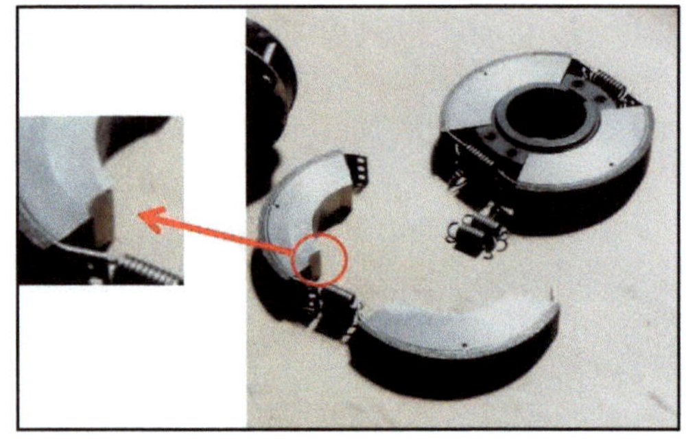

Besser ist es, Fliehkraftbremsen mit Drehzapfen geführten Bremssegmenten zu benutzen, wie sie die Firma Suco unter der Bezeichnung „P-Typ" führt (siehe nächste Seite mit drei Bremssegmenten). Die Drehzapfen sind mit einer engen Passung versehen, die bei den wechselnden Drehmomenten des Stirlingmotors kaum ausschlagen.

Zusätzliches Einfetten der Drehzapfen bewirkt weiteren Schutz gegen Ausschlagen.

Alle anderen nun folgenden Bremsen muten zwar zum Teil genial an, jedoch haben sie eines gemeinsam: sie können versagen. Deshalb sollte eine Fliehkraft-Bremse in jedem Fall immer redundant mitlaufen.

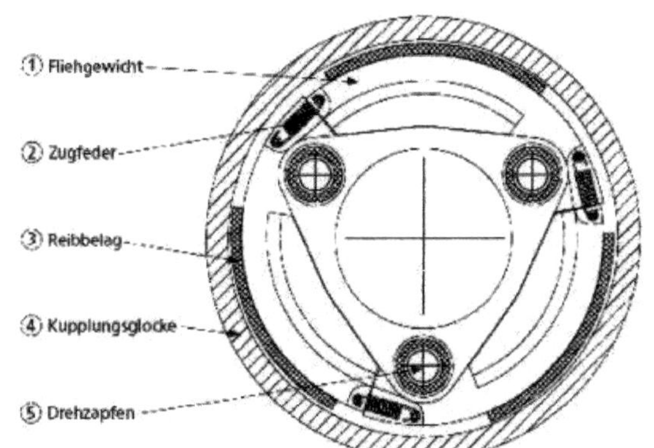

Die elektrische Bremse stellt wohl die gängigste Lösung für alle Stirlingmotoren mit Generator dar. Bei Gleichstrom- und Synchron-Generatoren ist die Sache ganz einfach: Ein Überspannungs-Modul schaltet auf einen Not-Widerstand um, der dann die Energie verbrät. Beim beliebten Asynchron-Generator müssen dagegen zur Aufrechterhaltung der Erregung zusätzlich noch Kondensatoren dazugeschaltet werden. Die Abstimmung dieser Kondensatoren ist nicht einfach und Tests mit immer höheren Drehmomenten unabdingbar. Fehlerquellen gibt es bei der elektrischen Bremse genug. Das Verkleben des Leistungsschalters, der auf die Not-Widerstände umschaltet, entpuppte sich als die häufigste Fehlerquelle.

Die Bypass-Bremse ist eigentlich nichts weiter als eine Rohr- oder Bohrungs-Verbindung zwischen dem Arbeitsraum und dem Getrieberaum. Wenn diese Verbindung plötzlich geöffnet wird, gibt es zwischen den beiden Räumen kaum noch einen Druckunterschied, was den Motor sofort austrudeln lässt, ganz egal wie hoch die Temperatur am Erhitzer noch ist. Eine geniale Idee. Nur, wer sagt der Verbindung, dass sie öffnen soll? Und woher kommt das Signal? – Hier gibt es verschiedene Wege:

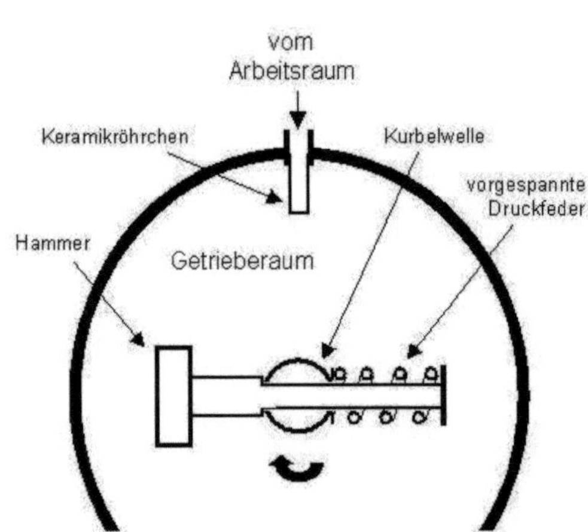

Die Bypass-Bremse mit Fliehkraft-Hammer Auf der Kurbelwelle befindet sich eine Art Hammer, der bei erhöhter Fliehkraft nach außen wandert und dort gegen ein Röhrchen schlägt. Dieser Rohrstummel ist vorne verschlossen und stellt die Verlängerung der Bohrung zum Arbeitsraum dar. Außerdem besteht das Röhrchen aus sprödem Material (Keramik oder Glas) eventuell mit Sollbruchstelle. Im Moment der Zerstörung fliegen winzige Splitter durch den Getrieberaum. Damit sie nicht vom jetzt offenen Arbeitsraum eingesaugt werden, sollte in diesem Drehwinkel gerade eine Überdruckphase begonnen haben. Ansonsten würde eine Reparatur der Zylinder und Kolben später nur unnötig erschwert werden.

Die Bypass-Bremse mit elektrischer Auslösung: Ein Überspannungs-Modul schaltet ein Ventil am Bypass durch.

Wenn zu diesem Zeitpunkt allerdings das Stromnetz ausgefallen ist, muss sichergestellt werden, dass die Energie zum Öffnen des Ventils unabhängig vom Stromnetz, zum Beispiel vom Motor selbst kommt!

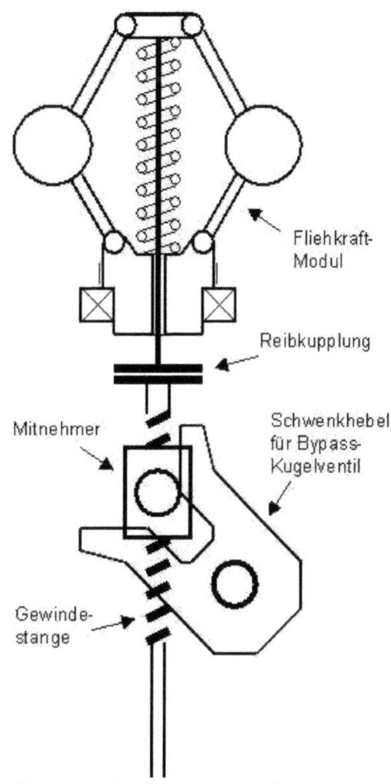

Die Bypass-Bremse mit Fliehkraft-Modul und Kupplung mit Gewindestange. Uralt-Technik vom Feinsten. Hierbei kuppelt die Reibkupplung erst bei Überdrehzahl ein und dreht dann eine Gewindestange, auf der ein Mitnehmer über ein Schwenkhebel das Bypass-Kugelventil öffnet. Die letzten Gewindegänge der Stange sind abgedreht, damit der Mitnehmer stehen bleibt.

Die Bypass-Bremse mit vorgespanntem Kniehebel-Mechanismus. Die Bypass-Bohrung ist hier durch eine Platte verschlossen, die von zwei Pleuel und einer starken Druck-

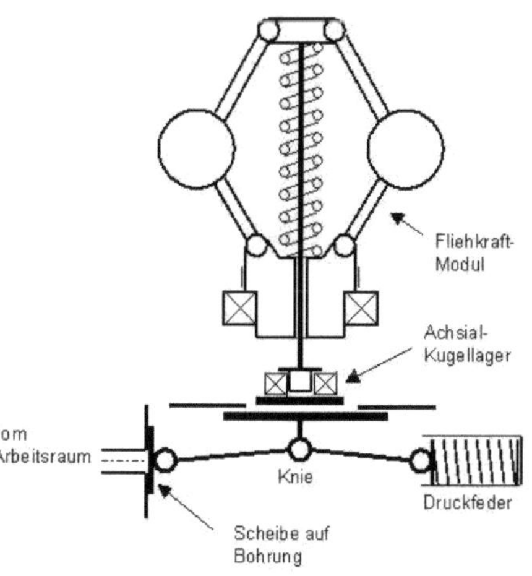

feder gehalten wird. Das mittlere Gelenk, das Knie, lehnt an einer durchbohrten Wand. Bei Überdrehzahl drückt ein Auslöser auf das Knie, bis das Knie durchknickt. Dadurch wird die Platte schlagartig von der Bypass-Bohrung gelöst.

Der Auslöser kann wiederum ein altbewährtes Fliehkraft-Modul sein, in diesem Fall mit Axial-Kugellager.

Die Totvolumenbremse ist die kleine Schwester zur Bypass-Bremse. Alle Auslösungen außer der des Fliehkraft-Hammers kommen hier in Frage. Wenn ein Stirlingmotor ohnehin mit einer Totraum-Regelung ausgestattet ist, stellt diese Art der Bremse natürlich die erste Wahl dar. Aber auch hier muss sichergestellt werden, dass die Energie zum Öffnen des Ventils trotz eventuellem Netzausfall vorhanden ist.

Nicht so vorteilhaft sind Bremsen, die während des Normalbetriebes ständig Energie verbrauchen.

Um zu unseren Beispielen zurückzukommen: Bremsklötze beim Auto, die ständig an der Bremsscheibe anliegen, verschleißen schnell und bedeuten ein Mehrverbrauch an Sprit.

Ähnlich beim Flugzeug: Würde bei einem Transatlantikflug die Schubumkehr ständig ein bisschen zugeschaltet sein, dann würde die genau bemessene Kerosinmenge nicht bis zum Ziel reichen und das Unternehmen würde zwischen treibenden Eisbergen enden.

Bremsen sind zwar wichtig, aber es ist eben genauso wichtig, dass sie während des regulären Betriebes klar und sauber vom technischen Gerät entkoppelt sind.

Eigentlich sollte das jedem klar sein. Warum wird es dann hier überhaupt erwähnt? Man mag es kaum glauben, aber es gibt eine ganze Reihe Sicherheitssysteme aus dem vorigen, nicht so energiebewussten Jahrhundert, die genau nach diesem Prinzip arbeiten. Ja, bei einigen dieser Sicherheitssysteme sind solche Bremsen sogar bis heute vorgeschrieben. Zum Beispiel ständig angezogene Magnetventile bei Druckluft-Bremsen der LKW`s oder bei Vorventilen in Hydraulik-Systemen.

Auch bei Stirlingmotoren mit Netz-Parallel-Betrieb ist es geradezu verführerisch, ein Relais ständig mit der Netzspannung zu bestromen und wenn das Netz ausfällt, mit dem anfallenden „Negativ-Signal" den Not-Widerstand oder den Bypass einzuschalten.

Noch mehr Energievernichtung kommt heraus, wenn durch ein Verdichter (z.B. eine Zahnradpumpe) ständig Luft komprimiert und nach einem Speichervolumen durch eine Düse gejagt wird. Wenn nun durch eine Überdrehzahl der Druck ansteigt, zerreißt ein Berstblech und die Druckluft bewegt über einen Kolben ein Bypass-Kugelventil.

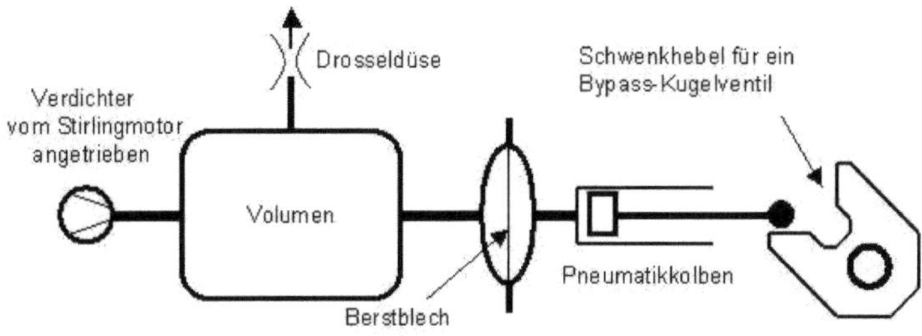

Zu umständlich? – Wie wäre es damit?:

Das Bypassventil ist in diesem Fall kein Kugelventil oder ein Ventil mit axialem Sitz, sondern ein knochenförmiger Kolben in einem Zylinder wie in der nächsten Abbildung. Die Kraft, um den Kolben zu bewegen ist klein, sie kann durch einen elektrisches

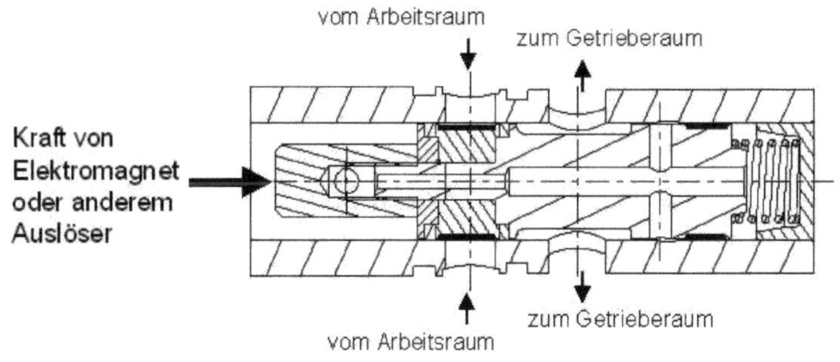

Magneten oder ein Fliehkraft-Modul realisiert werden. Das hört sich ziemlich gut an, aber die Verluste am Dichtspalt zwischen Kolben und Zylinder dürften vor allem bei Heliummaschinen groß sein. Sie greifen direkt in den Zyklus ein, indem sie die technische Arbeit verringern. Das PV-Diagramm eines solchen Stirlingmotors wird schmaler, und das bedeutet, dass die Leistung stark abnimmt.

Sicher ist die Liste der Positiven und negativen Möglichkeiten einer Bremse damit noch nicht erschöpft und es gibt auch zweifellos jede erdenkliche Kombination aus Bremse und Auslöse-Mechanismus. Aber die Liste soll hiermit abgeschlossen werden. Sie ist lange genug, um auswählen zu können.

Wirklich wichtig ist redundant immer wie gesagt eine Fliehkraft-Bremse mitlaufen zu lassen!

Auf jeden Fall bleibt festzuhalten, dass es kostengünstiger ist, Bremsen in unsere Motoren einzubauen und gegebenenfalls auszutauschen, als den Verlust eines teuren Stirlingmotors zu riskieren. Hier zeigt sich auch, was uns die Maschinen und letztlich unsere Arbeit wert ist!

Dichtigkeit

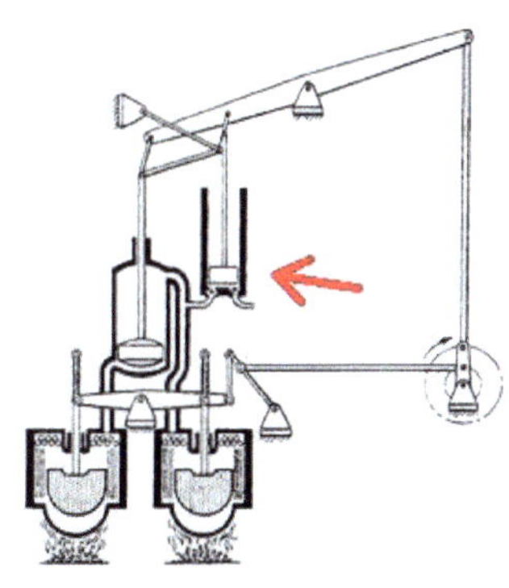

Doppelwirkender Stirlingmotor mit Auflade-Pumpe 1827

Dichtprobleme haben bei Stirlingmotoren eine lange Tradition. Im vorvorigen Jahrhundert verwendete man Leder, Flachs und ähnliche biologische Erzeugnisse zur Abdichtung. Natürlich war damit eine Aufladung kaum zu machen, was höhere Leistungen bzw. bessere Leistungsgewichte bedeutet hätte. Nebenstehendes Bild eines Stirlingmotors aus dem Jahr 1827 mit doppeltwirkendem Arbeitskolben und einer Luftpumpe zur Aufladung (Bildmitte) zeigt aber ganz deutlich, dass die damaligen Zeitgenossen durchaus um dieses Geheimnis wussten.

Heute beherrscht man im Allgemeinen die Dichtprobleme bei Gehäuseverbindungen, lediglich bei Helium und Wasserstoff wird es schwieriger. Manchmal pfeift es aber gar nicht aus den Fügespalten heraus, sondern mitten im Gussgehäuse. Porositäten sind ärgerlich, treten meistens bei der gesamten Charge an genau derselben Stelle auf und sind erst beim nächsten Guss durch Verlagerung von Anguss und Steiger zu verhindern. Manchmal helfen aber auch nur Kühlbleche, die in der Nähe dieser Stelle in den Sand verstaut werden und dann die Abkühl-Geschwindigkeit beschleunigen, so dass das Gefüge bei der Erstarrung an dieser Stelle dichter wird.

Was macht man dann aber mit der ersten Charge? Wegwerfen? Einschmelzen? Meist kann man die Dichtigkeit eines Gusses erst nach der Bearbeitung erkennen. War also die ganze teure Bearbeitung umsonst? Nein – man kann auch diese Gehäuse noch wie folgt retten: Man erhitze den ansonsten abgedichteten Stirlingmotor auf etwa 50°C, lege ein leichtes Vakuum an und benetze die Stelle mit einer üppigen Lage 2-Komponenten-Epoxidharz-Kleber. Wenn dann der erste Trichter sichtbar wird, diese Stelle noch einmal mit Klebstoff betupfen und das Vakuum abstellen und aushärten lassen. Wer Helium abdichten muss, dem empfehle ich spezielle Firmen, die nichts anderes tun, als massenweise ganze Gehäuse in heiße Bäder mit solchen Klebern einzutauchen – nicht nur Stirlingfreunde haben Dichtprobleme.

Ein ganz anderes Dichtproblem ist die Wellen-Abdichtung. Die meisten Simmerringe sind nicht für Überdrücke geeignet. Nur die Sorte BABSL hat eine Stahlschulter im Kautschuk eingegossen und eine kürzere Dichtlippe, was beides dazu führt, dass bis zu 10 bar auf Dauer abgedichtet werden können. Die Welle muss allerdings im Bereich der Dichtlippe aus gehärtetem Stahl bestehen, sonst arbeitet sich die Dichtlippe mit der Zeit in den Stahl ein. Doch ganze Wellen aus gehärtetem Stahl sind nicht leicht herzustellen. Deshalb hilft auch eine gehärtete Muffe, die fest auf der Welle sitzt und mit einem O-Ring zur Welle hin abgedichtet ist. Bis zu 10 bar kann man dadurch bewältigen. Aber was macht man, wenn man mehr als 10 bar Aufladung realisieren will? Dann kann man mehrere Simmerringe hintereinander setzen. Damit der Ring, der am bester dichtet, nicht die Haupt-Druckdifferenz übernimmt und dann doch über 10 bar kommt und beschädigt wird, muss man mit Reduzierventilen arbeiten die auf 9,5 bar eingestellt werden.

Mit mehr als 40 bar Luft sollte man allerdings seinen Stirlingmotor nicht aufladen, weil sonst das Fett der Lager, wie im Kapitel Getriebe bereits erwähnt, wegen des hohen Sauerstoff-Gehalts in der Luft nahe an die Selbstentzündungs-Temperatur herankommt und es eine heftige Explosion gibt.

Verwendet man Stickstoff, so sollte man das kostbare Gas in der letzten Simmerring-Stufe absaugen und wieder ins Gehäuse pumpen. Aber auch bei Luft sollte man diese Absaugung realisieren, denn pumpt man ständig neue Luft von außen in das Gehäuse, muss man die Luft noch aufwendig entfeuchten.

Bei Helium geht durch Simmerringe allerdings zu viel verloren, da hilft auch keine Absaugung in der letzten Stufe. Bei Heliummaschinen gehört der Generator ins Gehäuse. Die elektrische Energie wird dann mit einem druckdichten elektrischen Stecker durch das Gehäuse geleitet.

Doch es gibt nicht nur Dichtungen nach außen hin. Am Stirlingmotor beschäftigen uns auch oft innere Dichtungsprobleme. Betrachten wir hier zunächst einmal den statischen Bereich. Es sind die Hohlraumkörper, der Verdränger beim Stirling bzw. der sogenannte Dom beim Rider. Diese müssen dicht sein, damit sie keine unerwünschten Toträume bilden und zu Leistungsfressern werden. Deshalb sollte man jeden solchen Hohlraumkörper vor dem Einbau in heißes Wasser stellen. Nur 2 bis 10 Blasen pro Minute bei Heliummaschinen und 5 bis 10 Blasen pro Minute bei Luft- oder Stickstoffmaschinen sind akzeptabel. Mehr dazu im Kapitel über den Verdränger.

Als zweites Dichtungsproblem innerhalb des Stirlingmotors sollen Bypass-Probleme genannt werden, und zwar bei solchen Maschinen, die statt eines Ringspaltes um den Verdränger ein komplettes thermisches Paket von Erhitzer, Regenerator und Kühler ringförmig um den Verdränger besitzen. Solche Stirlingmotoren sind beliebt. Sie sind stark - haben ein hohes Drehmoment und nur einmal eine druckfeste Temperaturabbaustrecke, was den Wirkungsgrad anhebt. Aber sie beinhalten auch das Bypass-Problem, und zwar zwischen dem Expansionsraum über dem Verdränger und der Nahtstelle zwischen Erhitzer und Regenerator. Hier im heißen Bereich des Motors kann man keinen O-Ring einbringen, der die dünnwandige Hülse gegen den Erhitzerkopf abdichtet. Bei Luft- und Stickstoff-Maschinen können enge Übergangs-Passungen noch praktikabel sein. Aber bei Helium muss man den teuren Schritt einer Hochvakuum-Verlötung gehen.

Während alle bisherigen Dichtungsprobleme statischer Natur waren, kommen wir schließlich zu den dynamischen, den Kolbenring- und Kolbenstangen-Dichtigkeiten. In den Kapiteln über den Verdränger und den Arbeitskolben wurde dazu schon viel gesagt. Hier soll nur noch darauf aufmerksam gemacht werden, dass die Dichtigkeiten von Kolbenringen auch von den Differenzdrücken

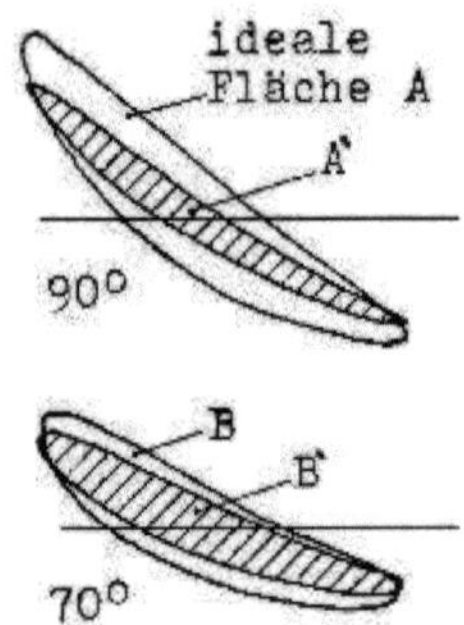

abhängig sind. Im Kapitel über den Phasenwinkel wurde schon erwähnt, dass bei 90° unnötig hohe Drücke aufgebaut werden. Durch die Undichtigkeiten an den Kolbenringen werden dann aus den idealen Flächen des pV-Diagrammes A sehr schnell sehr schmale Flächen A´, was weniger Drehmoment und damit Leistung bedeutet.

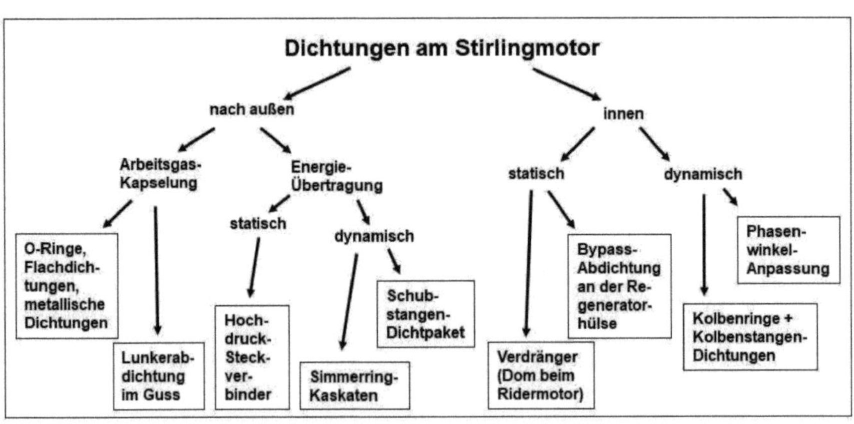

Auswuchtung

Wir alle kennen das Geräusch, wenn die Waschmaschine ihren Schleudergang einlegt und unsanfte Vibrationen im ganzen Haus verkünden, dass in Kürze die Wäscheleine gefüllt werden kann.

Ein solches unrundes Gehopse will man bei Motoren natürlich vermeiden, besonders wenn der betreffende Motor als Kraft-Wärme-Kopplung direkt im Wohnhaus seinen Platz finden soll. Nur wenn nachts im gleichen Haus geschlafen werden kann, ist eine Micro-Kraft-Wärme-Kopplung marktreif.

Das gilt im Besonderen auch für den Stirlingmotor. Wenn das lauteste Geräusch vom Frischluft-Ventilator kommt, sollte man sich die Laufkultur seines Stirlingmotors nicht durch eine Unwucht wieder zunichtemachen lassen. Deshalb sollten wir Wert auf eine gute Auswuchtung legen. Und das gilt auch und gerade bei Modell-Motoren, unser Aushängeschild für potentielle Kunden.

Über die Auswuchtung von Stirlingmotoren findet man so gut wie gar nichts in der Literatur oder im Internet. Deshalb hier einige Tipps, wie man dabei vorgehen kann. Auf eine im Maschinenbau übliche Berechnung der Kräfte will ich dabei ganz bewusst verzichten. Die Berechnungen sind kompliziert genug. Wer unbedingt Kräfte berechnen möchte, muss die in diesen Ausführungen „Unwucht" genannte Größe jeweils mit der Winkelgeschwindigkeit multiplizieren.

Fangen wir mit der Berechnung einer einfachen 90°-V-Maschine an:

Die 90°-Gamma-Maschine

1) Alle Teile des Verdrängersystems auflisten, z.B.:

Verdrängerkörper	21 g
Kolbenstange	4 g
Gabelmuffe	1,5 g
Bolzen	0,5 g
oszillierender Anteil des Pleuels (1/2 Pleuel)	1 g
Summe	28 g

2)   Diese Summe mit dem Kurbelradius

multiplizieren: 28 g x 0,8 cm = 22,4 gcm

(Die Einheit gcm ist vielleicht anfangs etwas ungewohnt. Die Größe nennen wir „Kolbenunwucht" oder einfach „Unwucht".)

Die Kolbenunwucht des Verdrängertriebwerkes beträgt in unserem Fall also 22,4 gcm.

Jetzt kommt der Arbeitskolben dran:

3)   Alle Teile des Arbeitskolbensystems auflisten, z.B.:

Arbeitskolben	25 g
Kolbenbolzen	1 g
oszillierender Anteil des Pleuel (1/2 Pleuel)	1,5 g
Summe	**27,5 g**

4)   Die Summe mit dem Kurbelradius multiplizieren.

27,5 g x 0,8 cm = 22 gcm

Die Kolbenunwucht des Arbeitskolbentriebwerkes beträgt 22 gcm.

5)   Vergleich der beiden Kolbenunwuchte. Beide Werte sollten bis auf 10% gleich sein. Meistens ist der Arbeitskolben noch zu leicht. Tipp: Anlenk-Mechanismus beim Arbeitskolben-Triebwerk einbauen, damit der Motor außerdem stärker wird und länger läuft. Also Motor anpassen.

6)   Nun kommt die eigentliche Auswuchtung: Die Kurbelbacke (gegenüber der Kurbel) muss dieselbe Unwucht bekommen wie eines der beiden Kolben, also in unserem Fall 22 bis 22,4 gcm.

(Warum nicht die beide Kolbenunwuchte zusammen? Ganz einfach, weil immer der Kolben von der Backe ausgewuchtet werden muss, der gerade im Totpunkt steht. Und da bei einem 90°-Motor immer nur ein Kolben zur Zeit im Totpunkt stehen kann, brauchen wir nur diesen auszuwuchten. Natürlich müssen wir, wenn sich die Kurbel um 90° weitergedreht hat, den anderen Kolben auch auswuchten, weil <u>dieser</u> dann im Totpunkt steht. Aber dies geschieht – wie wunderbar - automatisch, weil sich die Backe ja auch um 90° gedreht hat...usw.)

7) Nun müssen wir die Unwucht der Kurbelbacke herausbekommen. Wir zeichnen uns die Kurbelbacke auf. Damit die Kurbelbacke möglichst dünn wird, wählen wir R so groß wie möglich (was der Getrieberaum hergibt). Dann wird die Backe graphisch in Streifen aufgeteilt und diese Streifen in Rechtecke verwandelt.

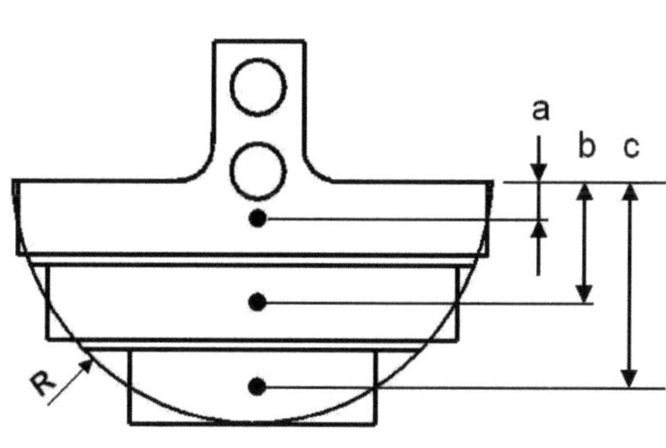

8) Die Flächen der Rechtecke multiplizieren wir mit dem jeweiligen Radius a, b, c usw. (Abstand der Flächenschwerpunkte).

9) Die Ergebnisse (in unserem Fall sind es drei) werden mit einer vorläufigen Dicke von 1 cm und der Dichte des Materials multiplizieren. In unserem Fall bekommen wir also drei Unwuchte (in gmm) heraus.

10) Die Unwuchte werden addiert. Es kommen z.B. 30 gcm heraus.

$$3{,}6 \text{ cm} \times 0{,}6 \text{ cm} \times 1 \text{ cm} \times 8{,}1 \text{ g/cm}^3 \times 0{,}3 \text{ cm} = 5{,}25 \text{ gcm}$$

$$3{,}0 \text{ cm} \times 0{,}6 \text{ cm} \times 1 \text{ cm} \times 8{,}1 \text{ g/cm}^3 \times 0{,}9 \text{ cm} = 13{,}12 \text{ gcm}$$

$$1{,}6 \text{ cm} \times 0{,}6 \text{ cm} \times 1 \text{ cm} \times 8{,}1 \text{ g/cm}^3 \times 1{,}5 \text{ cm} = 11{,}66 \text{ gcm}$$

$$\text{Total} = 30{,}03 \text{ gcm}$$

11) Dieses Ergebnis bekommen wir bei einer Backendicke von 10mm. Gebraucht werden aber keine 30 gcm, sondern 22 bis 22,4 gcm. Die Kurbelbacke ist also noch zu dick. Die richtige Dicke berechnet sich wie folgt:

$$\frac{22{,}2 \text{ gcm}}{30 \text{ gcm}} \times 10 \text{ mm} = 7{,}4 \text{ mm}$$

12) Ganz stimmt die Sache noch nicht, denn die Unwucht der rotierenden Massen auf der gegenüberliegenden Seite der Backe müssen abgezogen werden. Das sind: Kurbel, Kurbelhals und rotierende Anteile der beiden Pleuel. Der Radius, mit dem diese Massen multipliziert werden müssen, ist natürlich der Kurbelradius (in unserem Fall 8mm). Wenn wir diese Unwuchte von vielleicht 3 gcm von den 30 gcm abziehen, lautet die Rechnung:

$$\frac{22{,}2 \text{ gcm}}{27 \text{ gcm}} \times 10 \text{ mm} = 8{,}2 \text{ mm}$$

Die Kurbelbacke muss also eine Dicke von 7,9 mm konstruiert werden. Damit haben wir jetzt einen normalen 90° -Motor ausgewuchtet.

Wer sich einen Beta-Stirling oder gar einen verbesserten Gamma-Stirling mit 80°, 70° oder 60° konstruieren will, hat mehr zu tun und sollte noch weiterlesen.

<u>Beta-Maschine mit Phasenwinkel 90°</u>

Wir können Beta-Maschine auf zweierlei Weise auswuchten. Bei der ersten der beiden Variante wird die Berechnung oben mit Hilfe der zwölf Schritte vorausgesetzt.

Und auch diese Variante teilen wir auf. Zuerst betrachten wir ein System, in dem beide Kolben – Verdränger- und Arbeitskolben – gleich schwer sind. Dieses System zeichnen wir jetzt so auf, dass die Winkelhalbierende des Phasenwinkels genau die Zylinderachse darstellt.

Darunter zeichnen wir dann noch einmal die Kurbelrichtungen als Pfeile. Diesen Pfeilen geben wir eine bestimmte Länge: Um bei unserem Beispiel zu bleiben - für die 22,2 gcm wählen wir eine

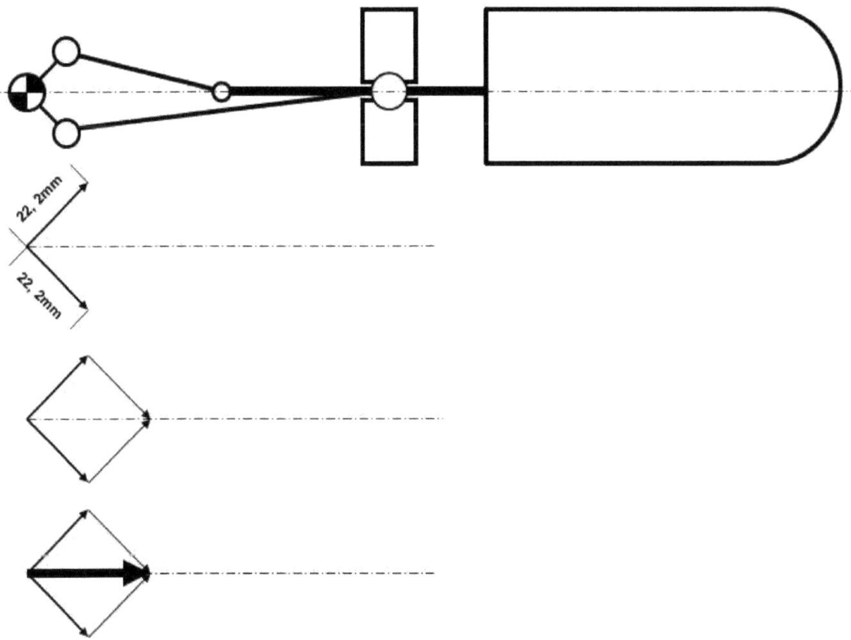

Pfeillänge von 22,2 mm. Dann werden zwei weitere, parallele Pfeile angehängt, so dass wir ein Parallelogramm erhalten. Schließlich zeichnen wir einen dicken Pfeil in der Mitte ein. Dieser Pfeil besitzt eine Länge von 32,5 mm, wenn der Phasenwinkel 90° beträgt.

Beta-Maschine mit einem Phasenwinkel von weniger als 90°

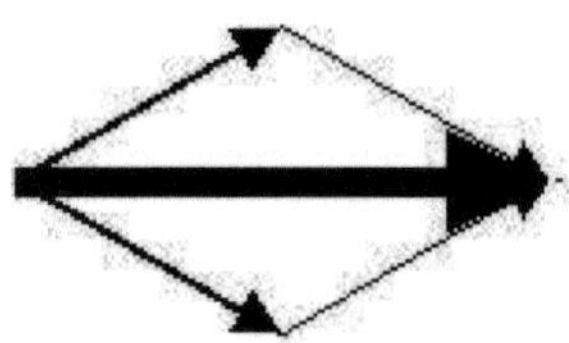

Bei einem kleineren Winkel – ein solcher Winkel ist wegen der Schonung der Lagerstellen ohnehin wünschenswert, kommt ein längerer dicker Pfeil heraus.

Beta-Maschine mit verschiedenen Massen

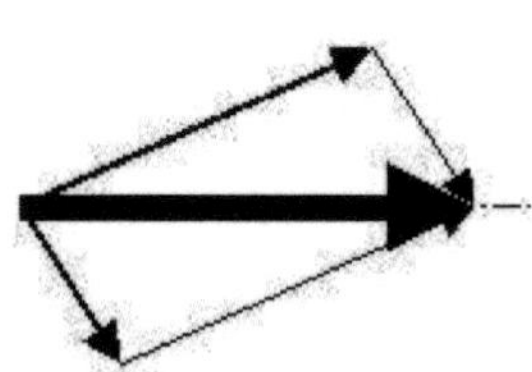

Die ganze Berechnung funktioniert auch, wenn die beiden Kolben nicht dieselben Massen besitzen. Dabei muss das Parallelogramm so gedreht werden, dass der dicke Pfeil wieder auf der Zylinderachse liegt!

Beta-Maschine mit verschieden langen Kurbelradien

Wenn wir unseren Motor schon mit einer kleinen Temperatur betreiben wollen, ist es von Vorteil, wenn wir das Kolbenverhältnis (Arbeitskolbenhubvolumen zu Verdrängerhubvolumen) verkleinern. Das kann dadurch geschehen, dass der Verdränger einen größeren Durchmesser erhält als der Arbeitskolben. Zusätzlich oder stattdessen kann man aber auch den Kurbelradius variieren. Bleiben wir in unserem Beispiel bei einem Kurbelradius von 8 mm für den Arbeitskolben und verpassen wir dem Verdrängersystem einen Kurbelradius von 12 mm. Dann muss die Verdrängersystem-Masse von 28 g mit 1,2 mm multipliziert werden. Dies ergibt eine Unwucht von 33,6 gcm. Das Parallelogramm bekommt jetzt eine besondere Gewichtung in Richtung Verdrängerkurbel. Es wird wieder so gedreht, dass der dicke Pfeil auf der Zylinderachse liegt. (Pfeilbild wie bei der Beta-Maschine mit verschiedenen Massen – siehe oben)

Soweit diese verschiedenen Varianten von Beta-Maschinen. Immer haben wir dabei am Schluss den dicken Pfeil herausbe-

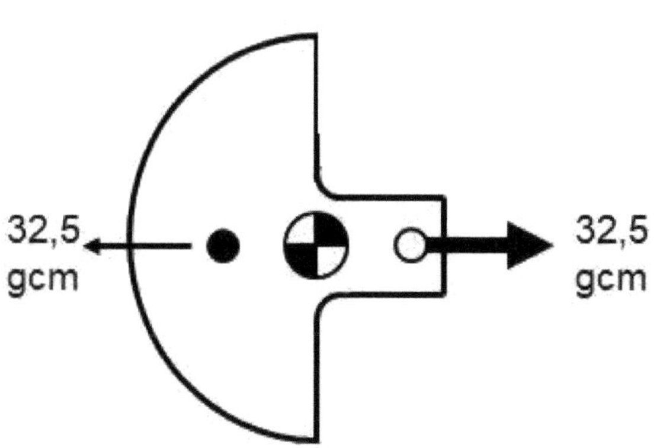

kommen. Die Länge dieses dicken Pfeils messen wir jetzt aus. Denn ab jetzt benutzen wir für die nächsten Berechnungsschritte nur noch diesen Pfeil. Dieser hat z.B. 32,5 mm Länge, was einer Unwucht von 32,5 gcm entspricht.

Diese Unwucht von 32,5 gcm muss nun durch eine Kurbelbacke ausgewuchtet werden, die ebenfalls eine Unwucht von 32,5 gcm aufweist.

Das Verfahren zur Ermittlung der Geometrie der Kurbelbacke ist abschließend dasselbe wie in Punkt 7 bis 12 beim 90°-V-Motor .Wir tun dabei so, als ob es nur einen Kolben in der Zylinderachse gibt. Schließlich machen wir aus dem Beta-Stirling auswuchttechnisch tatsächlich einen 90°-V-Motor, indem wir 90° zur Zylinder-

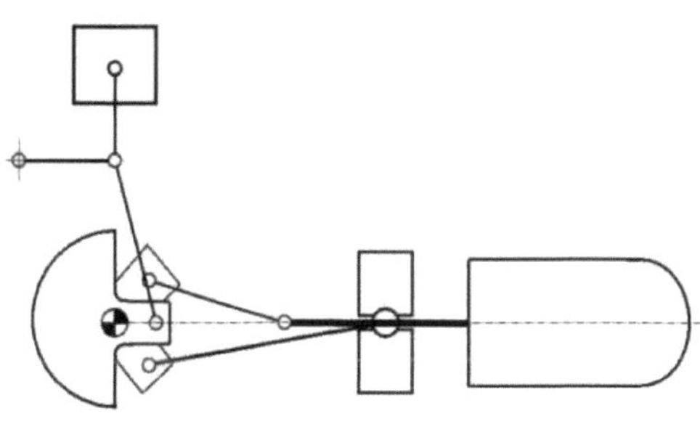

achse einen zweiten Zylinder anbringen. Der Kolben, der darin oszilliert, braucht keine Gaskräfte aufzunehmen und der Kompressionsraum ist durch einen Bypass mit dem Gehäuse verbunden. Bei trocken laufenden Stirlingmotoren

gilt auch für diesen Kolben, dass er einen Anlenkhebel benötigt. Aber es geht genauso gut auszuwuchten, wenn man den Kolben weglässt und den Anlenkhebel an seinem Gelenkpunkt zum Pleuel hin sehr schwer macht, bzw. wenn man umgekehrt das Pleuel an dem Punkt sehr schwer macht. Auf jeden Fall muss eine Unwucht von 32,5 gcm aufgebaut werden, um bei unserem Beispiel zu bleiben. Auf der Abbildung oben sind nun alle drei Kurbeln zu sehen. Diese liegen natürlich hintereinander, damit sie sich nicht ins Gehege kommen.

Als Beispiel für eine solche Auswuchtung soll wieder der Stirlingmotor LG1-100 genannt werden. Auf dem Bild sieht man den Motor bei der Montage. Das Auswuchtpleuel ragt in einen extra Kasten, indem sich der Anlenkhebel befindet. Die Kastenwand dazwischen konnte aus Stabilitätsgründen nicht weggelassen werden, da der Motor mit 70 bar Helium aufgeladen wurde.

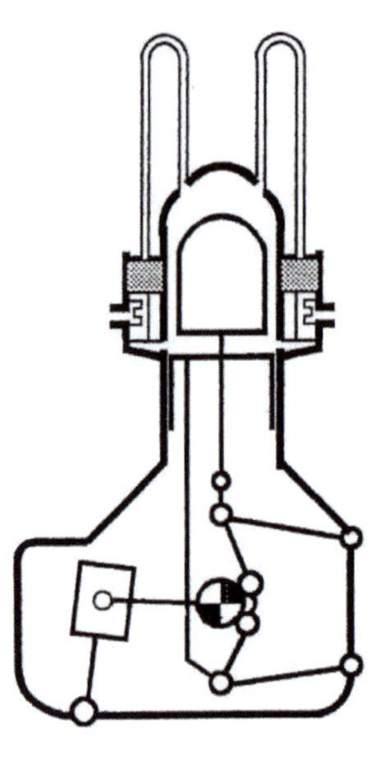

Leistungsreglung

Die Dynamik eines ungeregelten Stirlingmotors ist nicht vergleichbar mit Dampfmaschinen oder Motoren mit innerer Verbrennung. Bei diesen regelt man die Wellenleistung, indem man die Dampfzufuhr bzw. die Spritzufuhr dosiert, das heißt, die Energiezufuhr bestimmt die Abtriebsleistung an der Welle.

Die Temperaturregelung

Wollte man dasselbe beim Stirlingmotor durchführen, und allein mit der Flamme am Erhitzer die Leistung regulieren, würde man automatisch dabei die Temperatur am Erhitzer variieren. Aber bei niedrigerer Temperatur hätte man zwangsläufig eine massive Wirkungsgrad-Beeinträchtigung. Keine gute Idee.

Es gibt beim Stirlingmotor andere, viel bessere Möglichkeiten, die Wellenleistung zu regeln. Im Folgenden sollen die wichtigsten davon aufgezählt werden.

Die Drehzahlregelung

Diese Regelung hat durchaus Sinn, wenn man selten eine hohe Leistung benötigt und es dann nicht so sehr auf den Wirkungsgrad ankommt. Denn der Wirkungsgrad eines Stirlingmotors steigt nicht nur mit steigender Temperatur, sondern auch mit sinkender Drehzahl. Am einfachsten ist eine solche Regelung mit einem Generator zu realisieren, der z.B. von 4 auf 6 Pole umschalten kann.

Eine andere Möglichkeit stellt ein stufenloses Getriebe zwischen Motor und Generator dar. Solche Getriebe sind allerdings nicht billig und haben meist viel Verschleiß.

Bei stufigen Getrieben zwischen Motor und Generator muss ein Zwischenhalt beim Verändern der Drehzahl eingelegt werden.

Am einfachsten ist eine elektronische Drehzahlregelung wie man sie bei Windkraftwerken von Enercon kennt. Aber dazu braucht man auf dem Gebiet der Leistungselektronik professionelle Kenntnisse.

Die Druckregelung

Hierbei variiert man den Mitteldruck im Kurbelgehäuse. Diese Art der Leistungsregelung ist langsam, weil das Arbeitsgas an den Kolbenringen des Arbeitskolbens vorbeimuss. Je nach Kolbenring-Dichtigkeit sind es 50 bis 500 Umdrehungen, bis die neue, gewünschte Leistung erreicht ist. Das ist ein Nachteil. Aber die Druckregelung hat auch einen unschlagbaren Vorteil: Sie ist die preiswerteste Regelung unter den stufenlosen Regelungen und hat wenig Wirkungsgradverluste.

Den Mitteldruck erhöht oder verringert man stets während des Laufes. Bei zu schnellem Druckwechsel kann der Motor kurzzeitig weniger Leistung bringen.

Bei Stirlingmotoren ab 10 kW lohnt es sich, alle Arbeitskolben mit Kolbenstangen auszustatten und einen Pufferraum hinter den Arbeitskolben einzurichten. Man startet dann den Motor bei geringem Mitteldruck (smarte Anfahr-Leistung) und pumpt dann mit einem kleinen Kompressor allmählich immer mehr Gas vom Getrieberaum in den Pufferraum. Um einen solchen sanft anfahren-den Stirlingmotor mit einer Druckregelung zu versehen, benötigt man dann nur noch ein Magnetventil mit Drossel, so dass das Arbeitsgas vom Pufferraum wieder in den großen Getrieberaum zurückströmen kann. Der Vorteil dieser Aufteilung in Getrieberaum, Pufferraum und Arbeitsraum ist nebenbei der, dass man für den großen Getrieberaum nur noch kleine Wandstärken und damit wenig Gewicht benötigt.

Die Totraumregelung

Hier geht es wieder um eine stufige Leistungsregelung. Am Überströmrohr zwischen Arbeitszylinder und Verdrängerzylinder sind T-Stücke angebracht und gleich daran Magnetventile, die in verschieden großen Toträumen enden. Damit wird der Arbeitsraum künstlich erweitert. Man kann die Toträume auch hintereinanderschalten oder sich verzweigen lassen. Die Vorteile der Totraumregelung ist die Geschwindigkeit und kaum Wirkungsgrad-Verluste bei großen Toträumen. Nachteil ist die Stufigkeit, wobei viele Toträume, gut miteinander kombiniert, die Stufen klein halten, ja fast verschwinden lassen.

Die Kolbenhubregelung

Den Kolbenhub des Arbeitskolbens mechanisch zu variieren, ist nicht zu empfehlen. Es sind meistens aufwändige Maschinenelemente am Arbeitskolben-Triebwerk notwendig, die dann im Betrieb hohem Verschleiß ausgesetzt sind.

Die Phasenwinkelregelung

Bei der Phasenwinkelregelung werden das Verdrängerkolben-Triebwerk sowie das Arbeitskolben-Triebwerk je mit einer eigenen Kurbelwelle ausgestattet. Nach der getrennten Auswuchtung jeder dieser beiden Triebwerke werden die beiden Wellen wieder miteinander verbunden, aber nicht starr, sondern mit einem Zahnriemen oder einer Kette. Der Zahnriemen bzw. die Kette wird dabei in Kreuzform um weitere sechs Räder geschlungen, so dass durch Hin- und Herschieben der beiden mittleren Zahnräder der Phasenwinkel zwischen den beiden Kolben von 0° bis 70° variiert werden kann (mehr dazu im Kapitel über die Rekuperation). Da das benötigte Drehmoment für den Antrieb des Verdrängerkolben-Triebwerkes klein (meist sogar vernachlässigbar kein) ist, können Zahnriemen bzw. Kette und die Zahnräder für eine hohe Lebensdauer ausgelegt werden.

Diese Regelung ist die erste Wahl, wenn eine schnelle, stufenlose Regelung gefragt ist. Außerdem hat sie den Vorteil, dass man den Motor bei 0° Phasenwinkel leicht anfahren kann, was vor allem bei großen Motoren notwendig ist. Der dritte Vorteil dieser Regelung ist es, dass man eine Rekuperation realisieren kann, wenn man das Zahnrad-Kreuz so erweitert, dass auch minus 70° Phasenwinkel gefahren werden können. In diesem Fall gibt es schließlich noch den vierten Vorteil, den der Rückwärtsfahrt.

Was für alle Regelungen gilt

Bei allen Regelungs-Arten (außer der anfänglichen Temperaturregelung) ist zu beachten, dass der Erhitzer einen zweiten unabhängigen Regelkreis benötigt, um sein Temperaturniveau in den verschiedenen Lastpunkten zu halten. Bei hoher Wellenleistung braucht er mehr Energiezufuhr, bei niedriger Wellenleistung entsprechend weniger. Das scheint trivial zu sein, aber tritt bei der Planung oft in den Hintergrund.

Selbstanlauf

Otto- und Dieselmotor müssen von einem Anlassmotor gestartet werden. Elektromotoren können dagegen von selber anlaufen. Wie steht es da mit dem Stirlingmotor? Vor allem bei großen Stirlingmotoren wäre ein Selbstanlauf von unschätzbarem Wert!

Vorstellbar wäre es, bei einem Mehrsystemmotor aus einer Druckflasche Helium kurz in genau den Arbeitskolben-Zylinder zu lassen, der von seiner Stellung her gerade hinter dem oberen Totpunkt steht. Damit würde man die Überdruckphase simulieren. Wenn dann der nächste Arbeitskolben hinter seinem oberen Totpunkt steht, kann man diesen mit einer kleinen Gas-Dosis beschicken, usw. Man fährt den Stirlingmotor quasi als Druckluftmotor an. Nach einer Umdrehung dürfte er bereits ohne weitere Manipulation als reiner Stirlingmotor weiterlaufen.

Es stellt sich aber generell die Frage, ob ein Selbstanlauf auch ohne diese Starthilfe aus Gasflaschen auskommt?

Das muss man wohl klar mit Ja beantworten. Allerdings nur mit einer Phasenwinkel-Steuerung und weiteren Voraussetzungen, die sehr eingrenzend sind. Der Zweisystem-Motor, der bereits auf der letzten Seite beschrieben wurde, hat eine mechanische Phasenwinkel-Steuerung von +90° bis -90°. Wenn man ihn bei plus 70° Phasenwinkel (stärkste Leistung) laufen lässt und dann die Phasenwinkel-Steuerung innerhalb von weniger als einer Sekunde auf minus 70° umstellt, reagiert der Stirlingmotor nicht nur, indem er stehen bleibt, sondern auch, indem er anschließend sofort in der Gegen-Drehrichtung von alleine wieder anläuft (siehe Videos auf der diesem Buch beigefügten DVD).

Allerdings funktioniert das nur in engen Grenzen. Der gleiche Motor mit einem großen Schwungrad bleibt bei dieser Umsteuerung lediglich stehen. Der Grund sind die Dichtungen an den Kolben. Der Motor hat keine Kolbenringe. Er dichtet nur durch das Öl an den Arbeitskolben. Die Passung ist dabei nicht sehr eng, das Öl lässt in jeder Sekunde einen bestimmten Anteil Luft durch. Bei dem langsamen Abbremsen mit dem großen Schwungrad ist dann beim Wiederanlauf zu viel bzw. zu wenig Luft in einem der beiden Zylinder gelangt, so dass dieser Zylinder den anderen beim Wiederanlauf stört. Aber diese Erkenntnis bedeutet auch, dass wenn die  Dichtungen besser wären, ein Wiederanlauf mit großem Schwungrad möglich wäre.

Im Folgenden sollen sieben Voraussetzungen formulieren werden, unter denen ein Selbstanlauf funktioniert. Der angesprochene Fall der unsymmetrischen Luftverteilung in den Zylindern ist die Voraussetzung 6.

Die anderen Voraussetzungen sind mehr oder weniger trivial.

Die Voraussetzungen für einen Selbstanlauf eines Stirlingmotors:

1. Der Stirlingmotor muss gut vorgeheizt sein, d.h. auch der Regenerator muss seine charakteristische thermische Rampe aufweisen. Gut vorgeheizt bedeutet, mindestens 1,2-mal das Anwurf-Temperaturverhältnisses (siehe Kapitel über das Kolbenverhältnis).

2. Der Stirlingmotor benötigt zum Selbstanlauf eine Phasenwinkelsteuerung von mindestens 0° auf 70° in einer Drehrichtung. Dies kann als Minimallösung auch eine Phasenwinkelsteuerung sein, die erst bei ihrem Arbeits-Phasenwinkel von zum Beispiel 70° eine Auswuchtung des Motors sicherstellt. Auch vorgespannte Pleuel- oder Kolbenstangen-Verlängerungen bzw. Verkürzungen am Verdrängersystem wären vorstellbar.

3. Der Motor muss ein Beta- oder Gammatyp sein, also ein richtiger Stirlingmotor mit Verdränger und Arbeitskolben. Ridermotoren (Alpha-Typ) können dagegen nicht selber anlaufen, da man keine Phasenwinkelsteuerung in ihnen einbauen kann.

4. Der Stirlingmotor benötigt eine Voreinstellung des Schwungrades vor dem Selbstanlauf. Er sollte mit 20° nach dem Totpunkt des Arbeitskolbens plus10°, minus 5° gestartet werden. In anderen Stellungen ist ein Anlauf weniger oder gar nicht möglich. Dabei spielt es keine Rolle, ob dies der obere oder untere Totpunkt ist.

5. Die Phasenwinkelsteuerung muss schnell erfolgen. Es ist deshalb vor Vorteil, dass man durch sie den Verdränger bewegt und nicht den Arbeitskolben. Während dieser Bewegung kann es von Vorteil sein, dass man das Schwungrad oder den / die Arbeitskolben blockiert.

6. Gibt es mehrere Systeme in einem Stirlingmotor, die in Phase zueinander stehen, zum Beispiel um das ungleichförmige Drehmoment zu glätten, so müssen alle Systeme zum Zeitpunkt des Selbstanlaufes die gleiche Menge an Gasmoleküle aufweisen. Dies ist in der Regel nur der Fall, wenn es sich um einen Wiederanlauf handelt und die Dichtungen an den Arbeitskolben und Verdrängerkolbenstangen sehr gut sind. Kann eine gleiche Menge an Gasmoleküle nicht garantiert werden, dann ist ein Selbstanlauf nur mit einem System

möglich und die anderen Systeme müssen mit einem Bypass zwischen Arbeitsraum und Getrieberaum totgeschaltet und erst später dazugeschaltet werden, wenn der Motor bereits läuft. Bei Vier, Sechs- oder Achtsystem-Motoren (usw.), bei denen mindestens zwei Systeme zur selben Zeit ihren Arbeitskolben-Totpunkt aufweisen, gilt dies entsprechend, dass man mit genau den Systemen den Selbstanlauf verwirklicht, die zur gleichen Zeit ihre Totpunkte haben und die anderen Systeme anfangs totschaltet. Auch hierbei spielt es keine Rolle, ob dies die oberen oder die unteren Totpunkte oder eine Kombination aus beiden sind.

7. Der Stirlingmotor muss den allgemeinen Anforderungen genügen, die im Anhang unter „Checkliste Stirlingmotor" genannt werden.

Der Aufwand für einen Selbstanlauf ist hoch. Aber bei Stirlingmotoren in Schiffen z.B. wird er wirklich nötig sein, denn dort hat man keinen kräftigen Generator, der kurzzeitig als Elektromotor den Stirlingmotor anwerfen kann, gespeist durch einen starken Netzanschluss. Auf der anderen Seite ist ein Schiffsmotor so groß, dass ein paar zusätzliche Einrichtungen wie Bypass oder Winkelgeber kostenmäßig kaum zu Buche schlagen werden. Und als Schiffsmotor in Passagierschiffen wäre der Stirlingmotor ohnehin mehr geeignet als der Dieselmotor. Vor allem nachts würde er seinen Vorteil der Geräuscharmut ausspielen können. Für die Gäste wären keine schallisolierenden Kabinen mehr nötig. Nur Segeln ist schöner!

Rekuperation

-zurückgeschenkte Energie

Geschenke sind etwas Großartiges! Man kann vielen damit eine Freude machen. Besonders kleine Kinder, die noch unbefangen sind, bekommen glänzende Augen, wenn sie das Geschenkpapier aufmachen. Bei Erwachsenen dagegen mischt sich zur Freude mancherorts die Sorge, was man in angemessenem zeitlichen Abstand dem Schenkenden zurückschenken könnte. Großzügige Geschenke erwarten wir Erwachsene gar nicht mehr. Da ist es nicht verwunderlich, dass wir stutzig werden, wenn es auf technischem Gebiet Geschenke geben soll.

Es gibt sie wirklich – allerdings ist die Energie, die wir in ganz bestimmten Fällen durch Rekuperation zurückbekommen, zuvor mühsam aufgebaut worden: zum Beispiel beim Hochfahren auf einen Berg oder beim Beschleunigen. Irgendwann geht es aber bergab oder das Auto ist zu schnell, dann gibt es zu viel Energie, die wir mit der Bremse vernichten müssen. Nur Elektroautos können die Höhen- bzw. Schwungenergie (potentielle Energie bzw. kinematische Energie) wieder zu Strom machen und in die Batterien zurückspeisen. Genau das meint der Begriff Rekuperation. Bei allen Fahrzeugen mit Stromabnehmer (O-Bus, U-Bahn, elektrische Lokomotiven) dient das Netz als „Batterie", so dass ein anderes Fahrzeug die zurückgewonnene Energie zu diesem Zeitpunkt nutzen kann. Das spart viel zusätzliche Energie und senkt die Kosten erheblich.

Diesel- und Ottomotoren dagegen können potentielle oder kinetische Energie nicht wieder in flüssigen Sprit verwandeln! Keiner dieser beiden absoluten Bestseller besitzt diese faszinierende Möglichkeit der Rekuperation!!!

Besitzt sie der Stirlingmotor???

Es ist bekannt, dass Stirlingmotoren auch dazu verwendet werden können, eine Wärmepumpe zu realisieren. Dabei treibt z.B. ein Elektromotor eine Stirlingmaschine an. Geschieht dies in der gleichen Drehrichtung wie beim Motorbetrieb, dann führt die Expansion im sonst beheizten Erhitzerkopf zu Eiseskälte, während der Kühler weiter überschüssige Abwärme – im Fall der Wärmepumpe – die nutzbare Heizenergie abführt.

Lässt sich daraus eine Rekuperation stricken? So noch nicht, aber so ähnlich. Wir brauchen auf jeden Fall einen heißen Erhitzer, der durch die Rekuperation zusätzlich erhitzt wird und einen Kaltteil, der durch die Rekuperation zusätzlich gekühlt wird, also eine Wärmepumpe in umgekehrter Richtung. Man müsste also mit einem Schalt-Getriebe den Rückwärtsgang einschalten. Nur ist diese Methode bei voller Fahrt etwas gewaltsam – um es gelinde zu sagen.

Aber es gibt noch eine zweite Chance. Man belässt die Drehrichtung des mechanischen Getriebes, kehrt dafür aber die Thermodynamik des Stirlings um. Das geht tatsächlich: Man muss nur die normale Voreilung des Verdrängers von 70° Phasenwinkel gegenüber dem Arbeitskolben auf Null verschieben und dann weiter auf

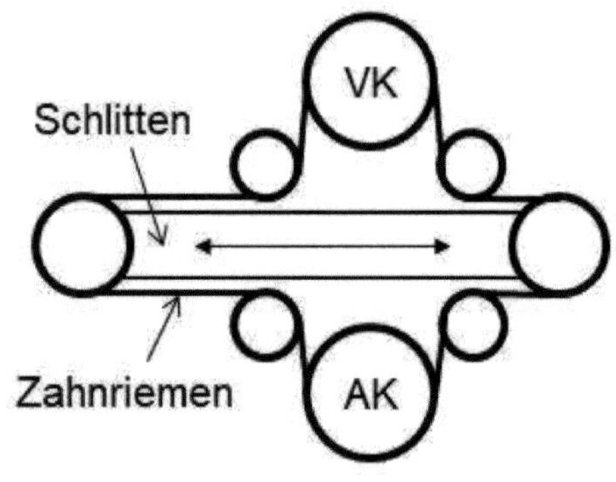

minus 70° Phasenwinkel schieben, so dass der Verdränger dem Arbeitskolben nacheilt. Bewerkstelligen kann man das Verschieben mit einem variablen Zahnriemen-Getriebe (Abb. Seite 128). Vorstellbar wäre folgendes Szenario:

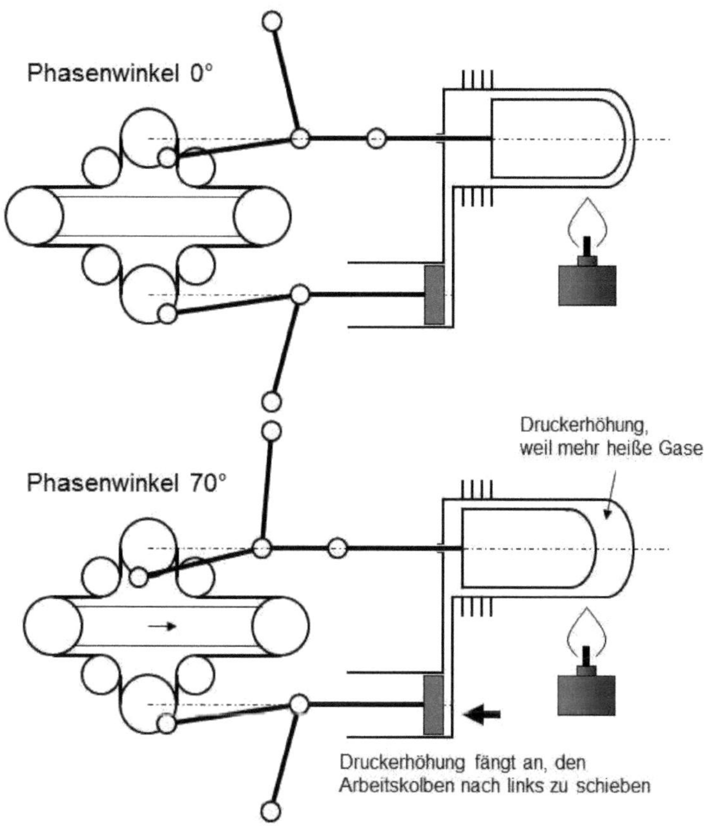

Auf einer Gleisstrecke ohne Oberleitung heizen Holzhackschnitzel oder Peletts einen Behälter mit flüssigem Metall, z.B. Zinn. Die Erhitzer eines Mehrzylinder-Stirlingmotors sind in dieses Flüssigmetall eingetaucht und werden auf Solltemperatur gebracht. Dann dreht der Zugführer eine Kurbel dreimal in Uhrzeigersinn, wodurch der Zahnriementrieb am Stirlingmotor von 0° auf 70° Phasenwinkel schaltet (Abb. rechts). Dadurch setzt sich der Zug in Bewegung (Selbstanlauf). Das übliche Dieselgeräusch ist nicht zu hören, man nimmt nur das Rollen der Räder wahr. Über ein Doppelkupplungs-Getriebe gewinnt die Fahrt immer weiter an Geschwindigkeit.

Schließlich hat der Zug seine Reisegeschwindigkeit erreicht. Der Zugführer dreht seine Kurbel zwei Umdrehungen zurück, wodurch der Phasenwinkel auf ca. 20° zurückgeht. Dadurch nimmt das Drehmoment merklich ab und der Zug beschleunigt nicht mehr. Außerdem hört die Beschickung mit Feuerholz fast auf, die Flamme geht in die Knie.

Dann kommt der nächste Bahnhof in Sicht und es wird gar kein Schub mehr gebraucht – die Kurbel wird noch eine Umdrehung zurückgedreht – der Phasenwinkel liegt jetzt bei 0°. Die Feuerung wird abgestellt. Der Zug läuft im Leerlauf.

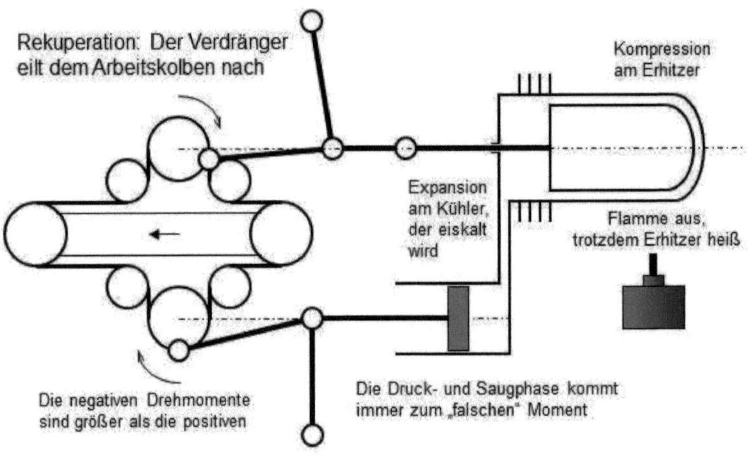

Dann muss gebremst werden. Dazu dreht der Zugführer die Kurbel weiter gegen die Uhrzeigerrichtung. Der Phasenwinkel wird negativ. Es setzt eine allmähliche Bremsung ein, die Rekuperation, die immer stärker wird, je weiter der Phasenwinkel gegen minus 70° geht und je weiter das Doppelkupplungs-Getriebe herunterschaltet. Der Erhitzerkopf wird in dieser Zeit durch die Kompression - die jetzt bei ihm und nicht mehr im Kaltteil stattfindet - sehr heiß, von 500°C auf über 750°. Das flüssige Metall nimmt die

Wärme auf und speichert sie in dem Behälter. Zur gleichen Zeit findet eine Expansion im Kaltteil des Stirlingmotors statt. Hatte das Kühlwasser vor der Rekuperation eine Temperatur von 90°C, so kühlt es sich jetzt auf 10° ab. Starke Pumpen pressen es nun durch den Kühler, damit sich in ruhigeren Ecken des Wasserkühlers kein Eis bilden kann. Die „Kälteenergie" wird aus der Maschine entnommen und in einem Wassertank zwischengelagert. In der gesamten Zeit, in der das Wasser kälter als die Umgebungsluft ist, bleibt der Ventilator des Abwärmeregisters abgeschaltet, damit die wertvolle „Kälteenergie" nicht verlorengeht.

Auf dem letzten Meter vor dem Stillstand im Bahnhof werden die mechanischen Bremsen dazu geschaltet. Dies ist auch dringend nötig, denn nach dem Stillstand würde der Zug – da ja der thermische Rückwärtsgang eingeschaltet ist – sich tatsächlich von alleine rückwärts bewegen, und das mit vollem Schub! Denn nun hat der Stirlingmotor ein übergroßes Temperaturgefällen zwischen Heiß und Kalt – natürlich auch ideal zum erneuten Anfahren des Zuges in die richtige Richtung. Wenn nach wenigen Minuten der Zug abfahrbereit ist, wird der Phasenwinkel wieder auf plus 70° gebracht und ab geht die Post! Wer sein Stirlingmodell schon mal mit Übertemperatur gestartet hat, weiß, was jetzt passiert: Der Motor droht regelrecht durchzugehen! Sollte die Beschleunigung des Zuges all zu heftig sein, kann man

aber in diesem Fall die Kurbel etwas zurückdrehen. Eine Rekuperation ist mit dem Stirlingmotor also durchaus möglich.

Natürlich nicht nur bei der Bahn, sondern auch beim Auto. Allerdings ist der Rollwiderstand zwischen Gummirädern und Asphaltboden so hoch, dass sich ein Auto mit Rekuperation nur bei roter Welle oder im Mittelgebirge lohnt (ca. 30% Energieersparnis, ähnlich wie beim Elektroauto mit Rekuperation).

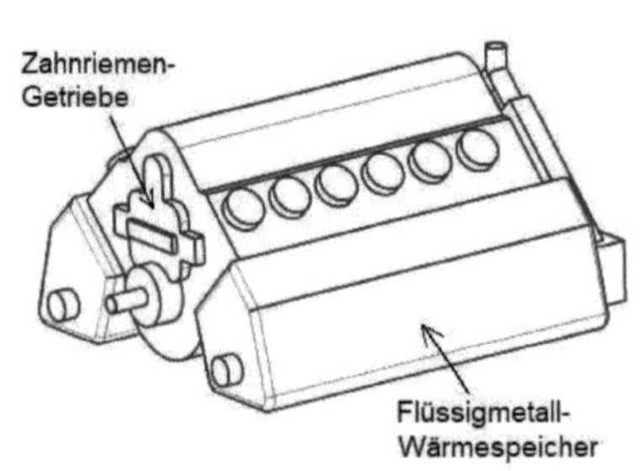

Die Brennstoff-Ersparnisse bei der Bahn dürften viel höher liegen. Der Rollwiderstand zwischen Stahlrad und Stahlschiene ist derartig gering, dass sich eine Rekuperation für jeden Zug lohnen würde, vor allem wenn ständig Bahnhöfe bedient werden müssen. Die Brennstoff-Ersparnis kann hier bis zu 70% betragen! Damit ist der Stirlingantrieb dem Dieselantrieb haushoch überlegen. Auch der batteriebetriebene Elektroantrieb hat hier keine Chance, weil die Zyklenfestigkeit bei elektrischen Batterien begrenzt ist – bei Flüssigmetall-„Batterien" dagegen gibt es keine Alterung! Bestechend ist aber vor allem die enorme Brennstoff-Ersparnis.

Unter diesen Umständen ist es nicht nachzuvollziehen, dass es keine Institute zur Entwicklung von Stirlingmotoren bei der Bahn gibt, keine Vorlesungen auf Akademien der Bahn und keine Firmen, die von der Bahn für die Produktion dieser Motoren nominiert sind. Und das alles vor dem Hintergrund, dass das Zeitalter der fossilen Brennstoffe unwiederbringlich zu Ende geht. (Der Biodiesel ist in großem Stil nicht wirklich eine Alternative und wird dann ebenfalls unerschwinglich teuer sein.)

Die Entwicklungszeit für ein völlig neues Produkt bis zur Serienproduktion dauert ca. 20 Jahre. Die Zeit drängt. Warum noch warten?...

Das Stirlingmobil

Der Stirlingmotor als Autoantrieb?

Kann man den Stirlingmotor als Antrieb für ein Auto nutzen? Statt eines wahnsinnig komplizierten Verbrennungsmotor mit Ventilen und Abgasnachbehandlung einen einfachen Stirlingmotor? Das wär´s doch!

Ganz so einfach dürfte die Sache jedenfalls nicht sein: Motorhaube auf, Verbrennungsmotor raus, Stirlingmotor rein, Motorhaube zu. Fertig.

Der Stirlingmotor kann also nicht als Ersatz eines Verbrennungsmotors herhalten. Der Grund liegt in seiner völlig anderen Dynamik.

Ein Beispiel: Ein Auto mit Verbrennungsmotor steht im Leerlauf an einer Ampel. Die Ampel wird grün, der Fahrer gibt Gas und eine zehntel Sekunde später setzt sich das Fahrzeug zügig in Bewegung. Bei einem Stirlingmotor dauert es nicht eine zehntel Sekunde, sondern zwei quälende Minuten, bis der Heißteil von 300°C (Leerlauf) auf 650°C (volles Drehmoment) gekommen ist, und erst dann würde zügig beschleunigt werden können.

Man bräuchte also eine schnell reagierende Regelung am Stirlingmotor. Nur, die ist teuer und kompliziert, was den größten Vorteil des Stirlingmotors – seine Einfachheit – wieder zunichte macht. Trotzdem – einen solchen Versuch gab es tatsächlich in den

60-iger Jahren u.a. bei Ford in den USA. Die Fahrzeuge hatten oft sogar mehrere Tanks, die mit verschiedenen Treibstoffen gefüllt waren. Während der Fahrt konnte man von einem

Treibstoff auf einen anderen umschalten. Doch solche Autos waren viel zu teuer.

Ein anderer Auto-Typ benötigt keinen schnell geregelten Motor: Das Hybridfahrzeug. Der Elektromotor sorgt für die schnellen Lastwechsel und der Verbrennungsmotor wird nur ab und zu dazu geschaltet. Beim sogenannten Plug-in-Hybridfahrzeug dient der Verbrennungsmotor mit einem eigenen Generator sogar nur als Lade-Aggregat für die Elektro-Batterien. Hier könnte man sich gut einen Stirlingmotor vorstellen. Erste Überlegungen dieser Art gab

es bereits in den 80-iger Jahren in Schweden. Aber erst 2012 verwirklichte das Team Schluckspecht der Hochschule Offenburg einen einsitzigen Prototyp eines Leichtmobils für ein Sparmobil-Rennen. Das Fahrzeug und der Stirlingmotor wurden extra für das Rennen konzipiert und gebaut.

Sobald es einen richtigen Stirlingmotor auf dem Markt gibt, ist damit zu rechnen, dass es einige Jahre später die erste „Familienkutsche" mit Stirlingmotor als Plug-in-Hybrid geben wird.

Ein dritter Weg wäre das Stirlingmobil. Es soll im Folgenden vorgestellt werden. Dieser fahrbare Untersatz ist allerdings ganz auf den Stirlingmotor zugeschnitten und für Autofahrer gewöhnungsbedürftig. Seien wir also auf einige Überraschungen gefasst. Ohne Drehmomentregelung ist er allerdings nur mit einem kleinen Motor von höchstens 1 kW vorstellbar und damit kein Kraftfahrzeug mehr. Seine Höchstgeschwindigkeit dürfte bei 50 km/h liegen. Die technischen Überlegungen sind Folgendermaßen:

Das Hauptproblem des Stirlingmotors ist das Durchgehen des Motors im Leerlauf bei voller Temperatur am Heißteil. Wenn wir also nicht gleich beim ersten Start den Motor schrotten wollen, müssen wir dafür sorgen, dass er immer starr mit der Radachse gekoppelt ist. Das bedeutet, dass eine Kupplung entfallen muss.

Wie aber bitteschön soll dann der Motor gestartet werden bzw. das Fahrzeug losrollen? Dazu gibt es an der Seite des Fahrersitzes einen Hebel von ca. 50cm Länge, der schwungvoll gezogen werden muss, um auf ungefähr 1 km/h zu beschleunigen, was im ersten Gang 200 bis 300 Umdrehungen pro Minute am Stirlingmotor ausmacht. Der Heißteil muss zu diesem Zeitpunkt bereits so warm sein, dass ein positives Drehmoment einsetzt und das Fahrzeug beschleunigt. Nach einigen Sekunden, wenn der Motor dann bereits zu schnell läuft (ein Drehzahlmesser zeigt den roten Bereich an, bei noch höheren Drehzahlen ist ein akustisches Warnsignal zu hören), muss mit einem stufenlosen Getriebe die Drehzahl wieder heruntergeschraubt werden. Dadurch beschleunigt das Gefährt allerdings noch mehr.

Will man abbremsen, müsste man den Heißteil blitzschnell kalt werden lassen. Das geht natürlich nicht. Eine Motorbremse funktioniert auch nicht, wir würden nur in den roten Drehzahlbereich kommen und den Motor kaputt machen. Nein, wir müssen mit der mechanischen Bremse bremsen, im einfachsten Fall sogar gegen das Drehmoment des Stirlingmotors.

Im einfachsten Fall...

... im Folgenden wird aufgerüstet: Ein Bypassventil zwischen Arbeitsraum und Gehäuseraum des Stirlingmotors verbessert die Fahrt erheblich. Vorstellbar wäre ein linkes Fußpedal, das beim Durchdrücken diesen Bypass öffnet und damit das Drehmoment plötzlich auf null setzt. Jetzt ist ein Bremsen ohne das Drehmoment im Nacken realisierbar. Aber auch ein Dahinrollenlassen ist vorstellbar, ja sogar ein Stufengetriebe wäre denkbar, allerdings nur direkte Stufengetriebe, die keinen Leerlauf erlauben. In Frage kämen die Getriebe, die bei Fahrrädern üblich sind, z.B. die gute alte Dreigang-Nabenschaltung mit Torpedo-Schalthebel.

Mit einer richtigen Leistungsregelung wären beim Stirlingmobil dagegen auch größere Motorleistungen und Geschwindigkeiten denkbar. Normalerweise besitzt ein Stirlingmotor einen festen Phasenwinkel zwischen Verdränger- und Arbeitskolbenhub. Das maximale Drehmoment erhält man bei 70° (siehe Kapitel Phasenwinkel). Durch eine Reduzierung dieses Winkels während der Fahrt könnte man das Drehmoment zurücknehmen - und zwar stufenlos. Man benötigt dazu, wie schon im Kapitel Rekuperation erwähnt, eine zweite Welle für die Verdränger-Triebwerke, koppelt also die Verdränger von den Arbeitskolben ab. Zwischen den beiden Wellen lässt man einen Zahnriemen laufen, der das kleine Drehmoment, das die Verdränger benötigen, zur Verfügung stellt. Weitere zwei Zahnräder und vier Umlenkrollen machen die variable Phasenverschiebung möglich. Dazu sind die beiden zusätzlichen Zahnräder mit einem Schlitten verbunden, der sich auf Schienen bewegen lässt. Es ist denkbar, dass dieser Schlitten von einem Fußpedal im Stirlingmobil bewegt wird, und zwar an Stelle des Gaspedals im Auto mit Viertaktmotor. Außerdem wird vorgeschlagen, dass dieses Pedal als Wippe ausgestaltet wird, die durch schwache Federn immer in ihre Mittelstellung gehen möchte. Will man beschleunigen, so tritt man mit der Ferse den unteren Bereich des Pedals. Dies scheint erst einmal etwas verwirrend für Autofahrer zu sein, aber es ist die natürliche Muskelbewegung, wenn wir als Fußgänger losgehen wollen. Auch dann belasten wir die Ferse, wodurch der Oberkörper nach vorne kippt und wir unseren Gehapparat anschließend in Bewegung setzen. Dagegen belasten wir unsere Fußspitze, wenn wir unseren Lauf abbremsen wollen. Auch diese natürlich Bewegung wäre im Stirlingmobil denkbar: wenn die Wippe mit der Fußspitze gedrückt wird, erzeugt der Schlitten einen negativen Phasenwinkel bis hin zu minus 70°. Dadurch wird der Stirlingprozess auf einfache Weise umgedreht. Nun fungiert die Stirlingmaschine als Kälteaggregat im Kühlerbereich, d.h. dass das Kühlwasser kalt wird, und zwar ausschließlich durch die Schwungenergie des Fahrzeuges. Und gleichzeitig wird der Stirlingmotor zur Wärmepumpe: Der Heißteil fängt allmählich an zu glühen, und das, obwohl die Flamme ausgeschaltet wurde. Wenn man dann wieder beschleunigen will, drückt man mit der Ferse auf die Wippe, der Schlitten und damit der Phasenwinkel gehen in die

Motorstellung und das Fahrzeug beschleunigt nun umso stärker, weil es zwischen dem Heißteil und dem Kaltteil eine außergewöhnlich große Spreizung gibt! Man nennt den Vorgang der Rück-Speicherung von Energie Rekuperation.

Bei einem Stirlingmobil mit einer Leistung über 5 kW benötigt man dann auch ein besseres Getriebe. Aber auch dieses darf keinen Leerlauf zulassen. Geeignet sind stufenlose Getriebe und Doppelkupplungs-Getriebe, bei denen der Leerlauf blockiert ist.

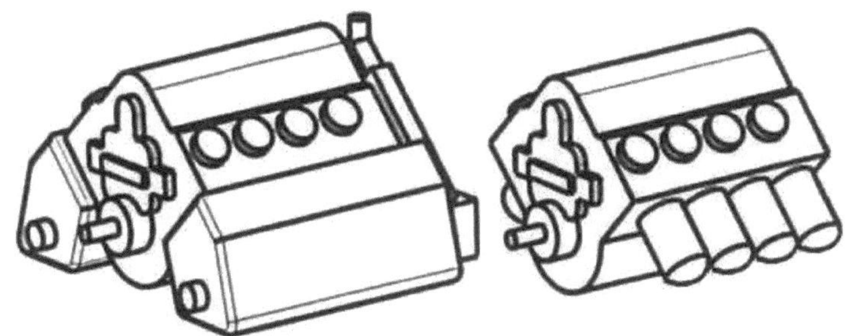

8-System-Stirlingmotor mit und ohne Brennraum

Übrigens, wenn weniger Leistung gebraucht wird, dann muss auch weniger geheizt werden, sonst überhitzt der Heißteil. Das bedeutet, dass der Ventilator und die Brennstoffzufuhr temperaturgeführt geregelt sein müssen. Diese beiden Dinge werden wohl elektrisch betrieben werden, eine direkte mechanische Ankopplung an den Motor wäre zu aufwändig und beim Vorwärmen vor der Fahrt müsste man sie von Hand mit einer Kurbel betreiben.

Noch ein Wort zur Brennstoffzufuhr. Sie muss bei einem Stirlingmobil exakter erfolgen, als dies bei einem Pelletsofen der Fall ist. Eine Schnecke, die mal ein, mal drei Pellets in die Verbrennungspfanne befördert, würde einer Fahrt mit Ladehemmungen gleichkommen. Entweder man vereinzelt mit einem Roboter die Pellets aus dem Vorratsgefäß oder man überwacht die Pellets auf einer Rutsche mit Sensoren und beweglichen Barrieren. Hier muss noch ganze Entwicklungsarbeit geleistet werden, wenn alles automatisch gehen soll. Oder ein zweiter Mann sitzt im Stirlingmobil, der die Arbeit des Roboters übernimmt und von Hand die Pellets fein säuberlich nebeneinander auf ein Förderband legt. Der Fahrer sollte sich jedenfalls auf das Fahren konzentrieren.

Soweit das Stirlingmobil. Ob es kommt, ist mehr als fraglich. Gegenüber den Explosionsmotoren hätte es nur den Vorteil der besseren Abgase und der niedrigeren Geräuschemissionen. Aber vom Wirkungsgrad her hätte es die gleichen Probleme. Wir verschwenden mengenweise Treibstoff, weil wir nicht den maximalen Wirkungsgrad von 30% fahren, ja ihn gar nicht fahren können.

Dabei geht es um den gemittelten Wirkungsgrad einer tatsächlichen Fahrt, von der Garage bis zur Firma. An der Ampel ist der Wirkungsgrad z.B. Null %, bei Auslaufenlassen und bei Motorbremse ebenfalls, bei 50 km/h sind es 5%, auf der Autobahn 17%.

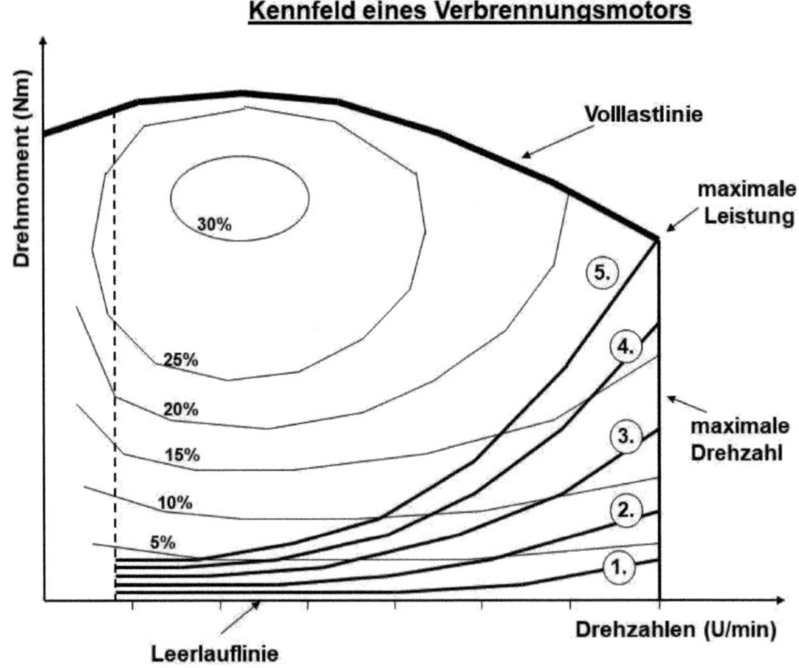

Mit unseren 5 Gängen fahren wir buchstäblich um das Maximum von 30% herum, und zwar in großem Bogen. Wenn man bei einer durchschnittlichen Fahrt den Wirkungsgrad mittelt, kommen Ottomotoren auf 3,5% und Dieselmotoren auf 4,5%, mehr nicht!

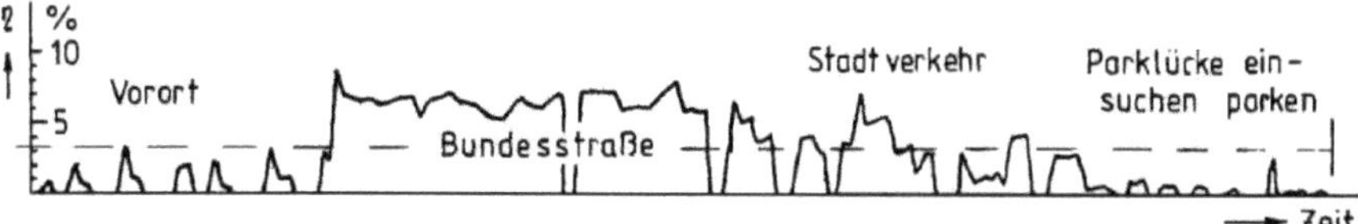

Bei Elektrofahrzeugen mit einem Benzinmotor als Reichweitenverlängerung könnte man den Betriebspunkt so einstellen, dass das 30%-Plateau getroffen wird. Solche Hybridfahrzeuge hätten einen durchschnittlichen Wirkungsgrad von 20 bis 25% und damit einen sehr geringen Verbrauch.

Aber wo noch viel mehr Entwicklungsbedarf schlummert ist die Aerodynamik unserer Autos. Bevor wir uns um ein Stirlingmobil und um den Wirkungsgrad kümmern, müssten wir uns eigentlich den Luftwiderstand vornehmen. Auch das wird ein Anklagepunkt unserer Nachkommen sein, auch daher kommt die enorme Spritverschwendung.

Der Luftwiderstand steigt mit dem Quadrat der Geschwindigkeit. Wir leben nicht auf dem Mond, wo es keine Luft gibt. In den letzten Jahrzehnten hat es hier einen Entwicklungsschub gegeben, was die Frontpartie von PKW`s angeht, das muss man gebührend zu Kenntnis nehmen. Aber hinten sind unsere Fahrzeuge aerodynamisch immer noch eine Katastrophe. Der Luftstrom bricht hinten ab, und es gibt eine große Verwirbelung der Luft. Dieser Wirbel ist ein Saugwirbel, in ihm herrscht Unterdruck. Von diesem Unterdruck wird das Auto zurückgesaugt – man fährt sozusagen ständig mit angezogener Handbremse, je schneller, umso mehr. Abhilfe könnte hier eine Heckkappe schaffen, in die ein Benzin- oder Stirlingmotor mit einem kleinen Sprittank eingebaut ist. Dieser thermodynamische Motor speist dann die Elektromotoren in den Radnaben. Diese Reichweitenverlängerung könnte man bei längeren

Urlaubsfahrten einsetzen, während man sonst im Alltag ohne Heckkappe fährt und das Fahrzeug als reines Elektroauto nutzt.

Aber man kann die Aerodynamik noch weiter verbessern. Die theoretische Idealform wäre die eines Zeppelins, vorne rundlich, hinten spitz zulaufend. Das weiß man schon lange. Das „Göttinger Ei" (Bild rechts) war eine Studie in den 30-iger Jahren mit einem cw-Wert von bereits 0,186. Die Räder sollten idealerweise in die Karosserie integriert werden. Daraus folgte, dass sie so eng nebeneinander standen, dass eine gewohnte Kurvenfahrt nicht mehr möglich war, das Fahrzeug neigte zum Umkippen.

Die Lösung für dieses Problem lag eigentlich auf der Hand, hätte aber ein völliges Umdenken im Fahrzeugbau bedeutet:

Die nicht gelenkte Achse gehört in die Mitte des Autos, also dorthin, wo es durch den aerodynamisch optimierten Körper am breitesten ist. Ein gelenktes Rad gehört nach vorne und eines nach hinten.

Das neue Konzept des Mittelachsen-Fahrzeuges verfolgt also auch vier Räder, genauso wie alle Fahrzeuge seit Jahrtausenden, aber die Verteilung entspräche von oben gesehen nicht mehr einem Rechteck, sondern einer Raute.

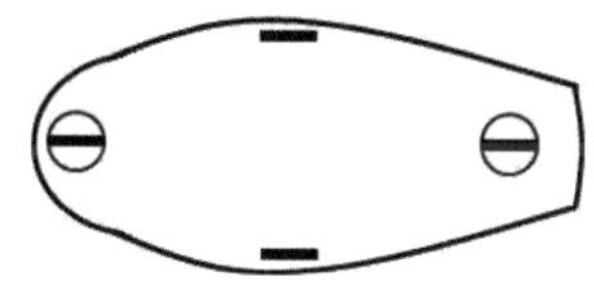

Die neuartige Lenkung: Im normalen Straßenverkehr werden die Räder vorne und hinten gegengelenkt. Will man auf einer engen Straße umdrehen oder in einer engen Parklücke manövrieren,

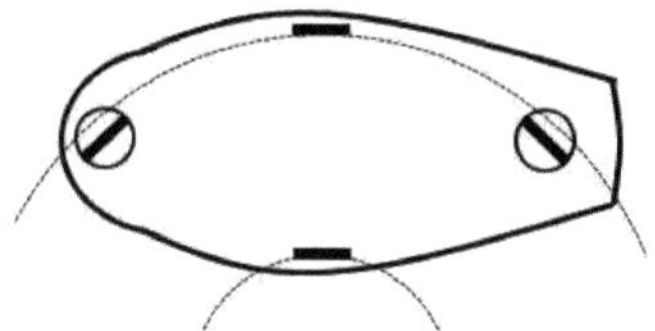

stellt man diese Stirnräder 90° zur normalen Fahrzeugachse und dreht auf der Stelle. Damit verkürzt sich der Wendekreis auf die reine Fahrzeuglänge!

Neben der optimalen Aerodynamik und dem sensationellen Wendekreis hätte ein solches Fahrzeug noch einen weiteren Vorteil gegenüber herkömmlichen Fahrzeugen: Es wäre nicht mehr seitenwindanfällig. Die senkrechte „Achse", um die der Wind bisher das Fahrzeug drehte, befand sich hinten, am

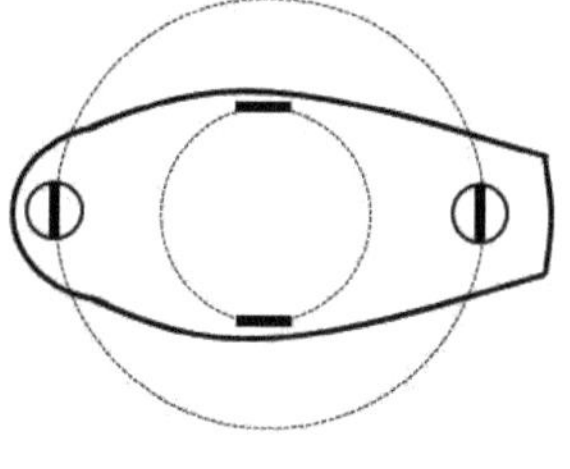

nicht gelenkten Radpaar. 80% der Fahrzeug-Seitenansicht bot sich dem Wind als Hebel. Jetzt befindet sich diese senkrechte „Achse" in der Mitte, die Hebelkräfte vorne und hinten sind annähernd gleich. Das Auto bleibt auf jeder Brücke brav in der Spur!

Schließlich rundet ein letzter Vorteil dieses Konzept ab: Es gibt kein Ausbrechen in der Kurve mehr. Erst wenn bei extremer Kurvenfahrt das mittlere Radpaar keine Haftreibung mehr hat, driftet das Auto aus der Kurve, aber es ist ein Driften, ohne dass sich das Fahrzeug dreht. In Schrecksekunden kann dies lebensrettend sein – die Fahrzeug-Sicherheit würde sofort auf ein höheres Level gehoben werden.

Hier ein paar Designs:

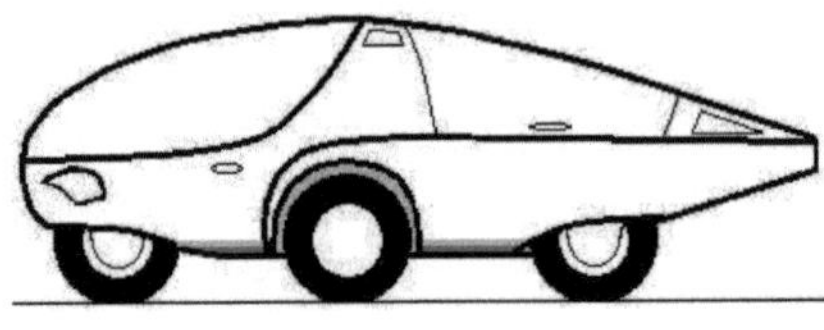

Kleinfahrzeug

Zwei Sitze nebeneinander. Der große Kofferraum ist von zwei seitlichen Klappen zugänglich

Familienkutsche

Die Mittelachse liegt weitgehend unter den Vordersitzen. Die Kofferraum-Klappe ist gleichzeitig das Heckfenster. Seitenspiegel sind auch hier durch kleine Kameras in den Türgriffen ersetzt.

Schnellbus

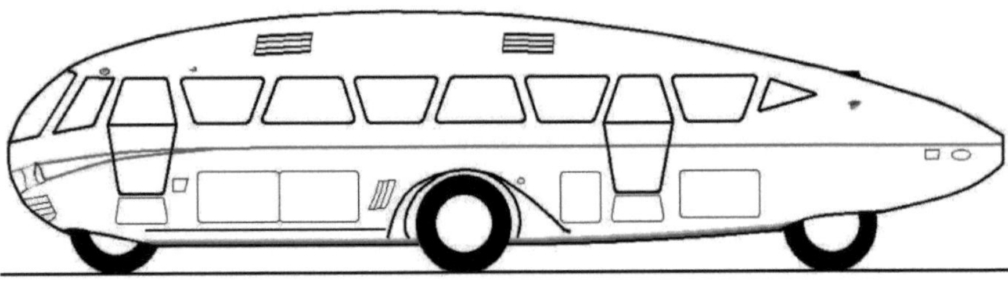

Wie man sieht, ergibt sich durch das neue Design ein höheres Stoßstangen-Niveau. Es ist ungefähr das Niveau heutiger Lastkraft-Fahrzeuge. Auch hier ist ein Umdenken notwendig.

Wann und unter welchen Voraussetzungen ist zu erwarten, dass sich das Mittelachsen-Fahrzeug durchsetzt?

Wenn klar wird, dass große Mengen CO_2 durch einen niedrigen cw-Wert eingespart werden können, ist die Zeit reif für die Mittelachsen-Fahrzeuge. Dann ist eine Neuregelung der Höchstgeschwindigkeiten auf Autobahnen vorstellbar, in der nur noch Fahrzeuge unter einem cw-Wert von 0,175 über 130 km/h fahren dürfen und Fahrzeuge über 0,3 nur noch 90 km/h. Und wer will schon langsam fahren? Niemand!

Der Stirlingmotor in der Energiewende

Wir hatten schon gesehen, dass der Stirlingmotor für Passagier-
schiffe lukrativ wäre, wenn dies von den Reedereien entdeckt werden würde.

Das gleiche gilt für Antriebe bei Zügen auf Strecken, die über
keine Oberleitung verfügen. Hier spielt noch die Treibstoff-
Ersparnis durch Rekuperation eine Rolle. Außerdem kann hier der
Stirlingmotor statt mit fossiler Energie auch mit regenerativer
Energie beheizt werden.

Da die Zeit des billigen Öls wohl bald zu Ende ist (Öl unterm
Meeresboden, Sand- und Schieferöle sind in der Förderung wesent-

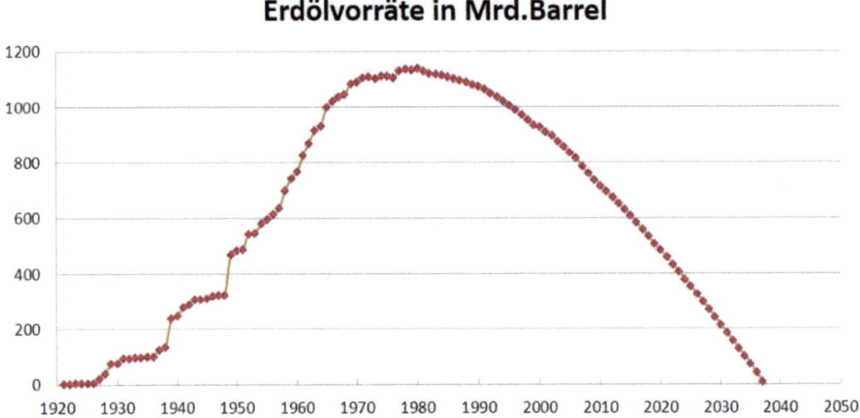

lich teurer und in der Graphik nicht mitgerechnet), wird möglicherweise schon bald wieder nach dem Stirlingmotor gerufen. Auch
die CO_2-Bepreisung könnte den Stirlingmotor wieder aus dem
Dornröschenschlaf holen. Und drittens könnten die Militärs auf die
Idee kommen, den Rest des fossilen Sprits für sich zu reservieren,
da sie sonst ihren Verteidigungsauftrag irgendwann nicht mehr
erfüllen können.

In den meisten Staaten der Welt hat ein Umdenken stattgefunden. Man möchte von fossilen Energieträgern auf Wind- und Sonnenenergie, Wasserkraft und Biogas umsteigen, tut sich aber dabei denkbar schwer. Die Graphik unten aus dem Weißbuch der Bun-

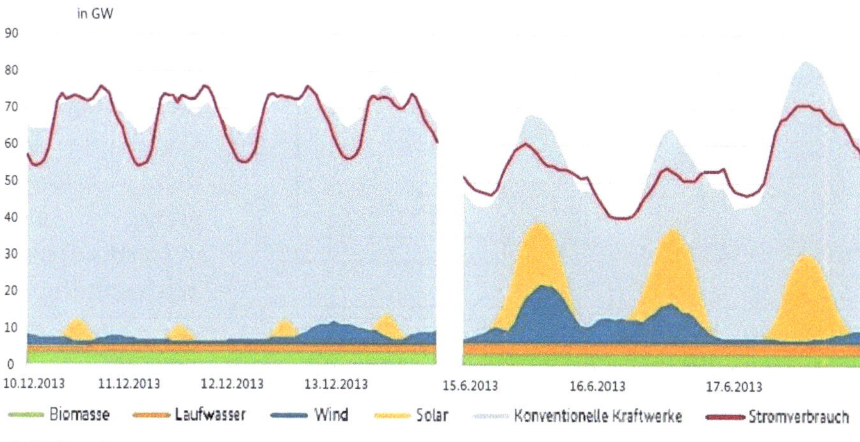

desregierung offenbart eine Dunkelflaute-Lücke von über 90% der Versorgung mit elektrischer Energie in den Wintermonaten (links) und von 80% in manchen Sommernächten (rechts).

Eine Gleichstrom-Hochspannungsleitung zwischen Nord- und Süddeutschland würde sicher für wesentlich mehr Ausnutzung der regenerativen Energien sorgen, aber das eigentliche Problem der Energiewende sind die sogenannten Dunkelflauten. Stromspeicher sind in der benötigten Größenordnung unbezahlbar und Standorte für Pump-Speicher-Kraftwerke sind fast ausgeschöpft. Sie könnten ohnehin nur wenige Prozent der benötigten Energie speichern.

2038 sollen die letzten Kohlekraftwerke abgestellt werden. Die Dunkelflaute-Lücke müsste dann mit Backup-Kraftwerken gefüllt werden, die mit Biogas oder Windgas laufen. Und da es auch im Sommer eine Lücke gibt, brauchen alle diese Anlagen ein Wärmeregister, um in lauen Sommernächten ihre Abwärme in die Atmosphäre abzugeben (siehe Anhang 6).

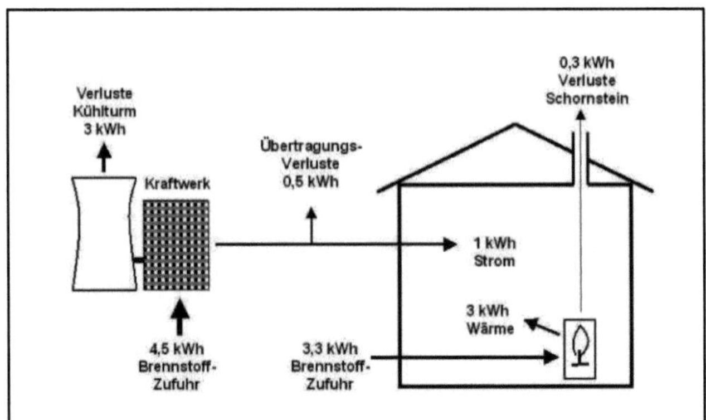

Die großen zentralen Kraftwerke kommen für diese Aufgabe nicht mehr in Frage, da sie nicht schnell genug auf Verbrauchts-Schwankungen reagieren können. Außerdem vergeuden sie ihre Abwärme durch Kühltürme in die Atmosphäre oder heizen Flüsse auf. Davon müssen wir auf Dauer ohnehin Abschied nehmen. Es müssen dezentrale, kleine Backup-Kraftwerke flächendeckend aufgebaut werden, bei denen auch die Abwärme genutzt werden kann.

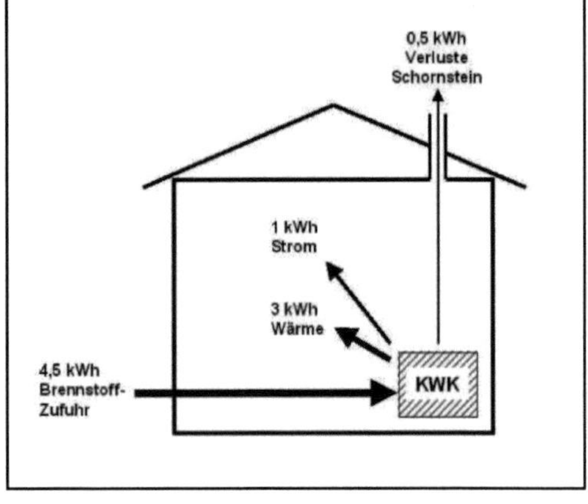

Bis heute (2020) gibt es nur in einigen Orten Blockheiz-Kraftwerke, auch Kraft-Wärme-Kopplungs-Anlagen (KWK-Anlage) genannt. Bei diesen dezentralen Anlagen wird die Abwärme zum Beheizen des Gebäudes und anderer benachbarter Gebäude genutzt. Der erzeugte Strom geht ins Netz, aber eben nur dann, wenn auch Wärme gebraucht wird. Genau hier muss umgedacht und auch das KWK-Gesetz geändert werden. Nicht mehr nur

146

wärmegeführt, sondern zeitweise auch stromgeführt müssen die Anlagen betrieben werden.

Parallel dazu müssen die Strompreise variabel gestaltet werden. Was die Strompreise angeht, müssen wir wieder zu den natürlichen Marktmechanismen zurückkommen. Wenn eine Dunkelflaute herrscht, muss der kWh-Preis steigen, wenn Sonne und Wind im Überfluss einspeisen muss der kWh-Preis sinken. Damit wird es für die Backup-Kraftwerke lukrativ, in der Dunkelflaute Strom einzuspeisen, auch wenn

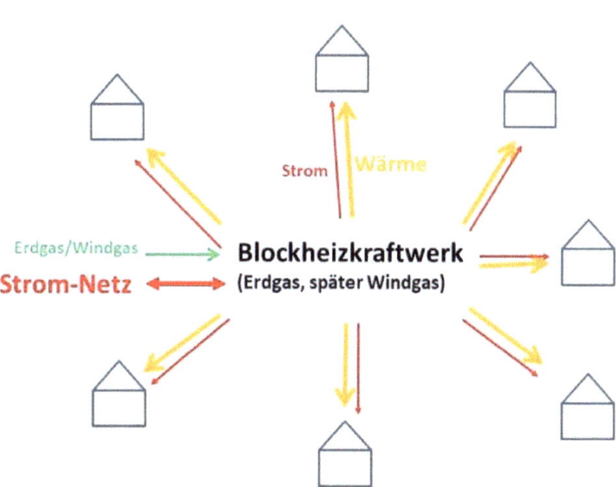

gerade keine Wärme gebraucht wird. Auf der anderen Seite, beim Stromverbraucher, bewirkt dieser variable Strompreis ebenfalls ein Signal: Bei hohem Strompreis werden Aggregate, die gerade nicht gebraucht werden, abgeschaltet. Damit kappt man Stromspitzen und flacht die Stromverbrauchskurve ab. In manchen Firmen muss die Produktion möglicherweise umgestaltet werden. Die Arbeitsvorbereitung wird vermehrt mit dem Instrument der Wettervorhersage arbeiten müssen. Aber auch im Privathaushalt wird man den einen oder anderen Waschtag verschieben. Das Smartmeter muss in der Lage sein, den aktuellen Strompreis anzuzeigen und bei einstellbaren Preisschwellen Signale ausgeben und möglicherweise über Funk automatische Abschaltungen vornehmen.

Doch zurück zu den Backup-Kraftwerken. Das Kernstück der heutigen KWK-Anlagen bilden umgebaute Dieselmotoren. Die Abgase dieser Kolbenmaschinen mit innerer Verbrennung weisen neben CO_2 und den Schadstoffen, die nachbehandelt werden können, auch unverbrannte Kohlenwasserstoffe auf. Dieses Schlupfgas (meist Methan) besitzt einen Treibhausgas-Effekt, der 25 Mal höher liegt als CO_2. Wenn hier keine Lösung gefunden wird, dann könnten Motoren mit äußerer Verbrennung wieder ein Comeback feiern. Die äußere Verbrennung kann nämlich so eingestellt werden, dass keine unverbrannten Kohlenwasserstoffe ausgestoßen werden. In Frage kommen Dampfmotoren mit

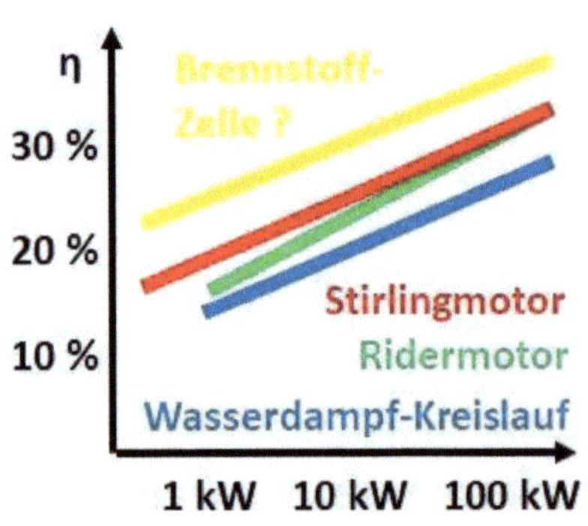

vollständigem Dampfkreislauf, Ridermotoren und Stirlingmotoren. Der Stirlingmotor hätte von diesen drei Möglichkeiten den höchsten Wirkungsgrad. Nur Brennstoffzellen, falls es hier irgendwann einmal einen Entwicklungs-Durchbruch geben sollte, könnte mit noch höheren Wirkungsgraden aufwarten.

Der Stirlingmotor könnte also durchaus seinen festen Platz in der Energiewende einnehmen. Wie sähe ein solcher Motor aus? Was müsste er können?

Als stationärer Motor mit stabilem Netzanschluss kann er durch den Generator angeworfen werden. Selbstanlauf wäre nicht erforderlich. Zum leichteren Anlassen könnte man lediglich einen Bypass zwischen Arbeitsraum und Getrieberaum einbauen.

Auch eine Leistungsregelung bräuchte ein solcher Motor nicht. Höchstens eine zweite, höhere Drehzahl, mit der man Leistungsspitzen abfährt.

Neben Sicherheits-Einrichtungen wie Ersatz-Stromkreis, nachlaufende Kühlwasserpumpe und Bremse wird die Anlage über eine Preisniveau-Erkennung verfügen. Wenn der momentane kWh-Preis über eine bestimmte erste Schwelle steigt, wird ermittelt, ob im Pufferspeicher die Wassertemperatur so niedrig ist, dass sich ein Betrieb von mindestens einer halben Stunde lohnt. Wird ein zweiter Schwellenwert beim Preisniveau überschritten, dann sind die Temperaturwerte vom Pufferspeicher egal. Der Motor geht dann sofort in Betrieb und die Wärme, die im Pufferspeicher nicht gebraucht wird, geht über ein Wärmeregister in die Atmosphäre. Sinkt das Preisniveau wieder, stellt der Stirlingmotor ab. Die zentrale Netzagentur regelt die erzeugte Energiemenge in diesem Fall also nicht über einen Ringsteuer-Befehl, sondern rein über den Momentanpreis. Das schließt nicht aus, dass es eine Ringsteuerung für die größeren Anlagen gibt. Aber die vielen, vielen kleinen Anlagen sind auf diese Weise sehr viel einfacher zu steuern.

Welche der KWK-Anlagen großtechnisch am Ende eingesetzt werden wird, kann man heute noch nicht sagen. Der Stirlingmotor hat auf jeden Fall gute Chancen. Als Nischen-Motor mit Pellets-Beheizung, eingesetzt in Einfamilienhäusern, wäre er jetzt schon marktfähig.

Man kann es nur noch einmal sagen:

Die Entwicklungszeit für ein völlig neues Produkt bis zur Serienproduktion dauert ca. 20 Jahre. Die Zeit drängt. Warum noch warten?...

Anhang

Im Anhang soll es um das Umfeld des Stirlingmotors gehen, aber auch um die Praxis, woran liegt es, dass der Stirlingmotor im Zwanzigsten Jahrhundert keinen Durchbruch erlebt hat? Wie würde man einen einfachen Stirlingmotor für Holzpellets-Beheizung berechnen? Und wir wollen uns auch um das Phänomen des Durchgehens und des Vorführ-Effektes kümmern. Schließlich soll es noch um andere Heißgasmaschinen gehen.

Warum konnte sich der Stirlingmotor nicht durchsetzen?

Sieben Gründe, warum sich der Stirlingmotor in der Vergangenheit nicht am Markt durchsetzen konnte

Zwischen 1937 und 2010 wurden weltweit Entwicklungen am Stirlingmotor und am Ridermotor durchgeführt. Rund zwei Dutzend Firmen haben hier viel Knowhow und Gelder einfließen lassen. Die meisten dieser Bemühungen sind ins Leere gelaufen. Es sind lediglich zwei Nischen-Anwendungen herausgekommen: U-Boot-Antriebe in der schwedischen Marine und Wispergen, ein kleiner Siemensmotor als Bordgenerator in Segelyachten.

Warum ist es in dieser langen Zeit keiner Firma gelungen, einen normalen Stirlingmotor mit rotierendem Kurbeltriebwerk erfolgreich auf den Markt zu bringen? - Das mag man Angesichts dieser Pleiten, Pech und Pannen fragen.

Das hat meines Erachtens vielfältige Gründe. Einige davon sind in den anderen Beiträgen dieser Internetseite angeklungen. Ich will sie hier noch einmal zusammenfassen, konkretisieren und durch weitere Gründe ergänzen.

1. Der Alpha-Typ wird gerne als Motor-Konzept genommen, weil er einfach zu bauen zu sein scheint. In der irrigen Meinung,

dass dieser Ridermotor ein Stirlingmotor darstellt, wird der 90°-Phasenwinkel vom Stirlingmotor in der Konstruktion verwirklicht. Aber der richtige Phasenwinkel beim Ridermotor mit Erdgasbefeuerung beträgt 120°, wenn Biogas, Hackschnitzel oder Pellets verfeuert werden sollen, sogar 130° bis 140°. Hätte der Stirlingmotor (Beta- oder Gammatyp) diese Aufmerksamkeit erhalten, wäre der Erfolg sicher nicht ausgeblieben. Der richtige Phasenwinkel beim professionellen Stirlingmotor liegt übrigens auch nicht bei 90°, sondern zwischen 60° und 80° (siehe das Kapitel „Der Phasenwinkel").

2. Ein Stirlingmotor dritter Generation benötigt als Trockenläufer ein Anlenkhebel-Triebwerk, zumindest am Arbeitskolben, um die Querkräfte wenigstens zu minimieren. Die Lebensdauer bleibt sonst auf 200 bis 500 Stunden begrenzt. Alle Stirlingmotoren ohne Anlenkhebel waren daher zum Scheitern verurteilt.

3. Die Lagerkräfte werden immer noch nach dem uralten pV-Diagramm mit zwei Isothermen berechnet (siehe Kapitel „Funktionsweise"). Aber kein heutiger Leistungsmotor folgt den Isothermen, sondern wie bei allen schnelllaufenden Motoren folgen sie Adiabaten. Bei folgerichtiger, adiabatischer Betrachtungsweise verdoppeln sich aber die Lagerkräfte, was erhebliche Lebensdauer-Einbußen mit sich bringt und bei der Berechnung der Lager unbedingt berücksichtigt werden muss.

4. Die Wälzlager des Stirlingmotors müssen automatisch nachgeschmiert werden, um die Lebensdauer ungefähr zu verzehnfachen. Dies gilt vor allem an den rotierenden Lagerstellen, also der Kurbel und der Welle. (Der Motor muss dazu angehalten werden, die Kurbel in eine bestimmte Position geschwenkt werden und ein Schmiergeber muss gegen die Schmiernippel fahren und Fett abgeben. Sensoren in den Lagern müssen melden, dass erfolgreich gefettet wurde und der Schmiergeber muss wieder in seine Ausgangsstellung zurückfahren und arretieren.) Bei Lagerstellen mit pendelnder Bewegung genügen

wahrscheinlich vergrößerte Fett-Depots. Beides muss entwickelt werden und das bedeutet Tests über mehrere Jahre.

5. Der beste Stirlingmotor taugt nichts, wenn er alleine dasteht. Ein Brenner muss angepasst (adaptiert) werden. Die meisten Firmen unterschätzen eine Brenner-Entwicklung. Besonders bei regenerativen Brennstoffen benötigt man eine Parallel-Entwicklung von mehreren Jahren.

6. Aus den bisherigen fünf Punkten geht bereits klar hervor, dass es Zeit braucht, um Stirlingmotoren zur Marktreife zu bringen. Das Management einer Firma steckt sich heutzutage enge Zeitrahmen mit Meilensteinen usw. Solche Zeitpläne sind sinnvoll, wenn es um die Skalierung (Vergrößerung oder Verkleinerung) oder einer Modernisierung einer Maschine geht, aber nicht bei einem technischen System, das von null auf entwickelt werden muss. Entwicklungsschleifen sind oft in den Zeitplänen gar nicht vorgesehen. Und mit solchen Zeitplänen geht dann auch ein zur Verfügung stehendes Budget einher. Die Kosten für eine Stirlingmotoren-Entwicklung im 1-kW-Bereich kann man auf 25.000 bis 30.000 Mannstunden schätzen, unter Berücksichtigung der DIN ISO 9001 auf ein Mehrfaches.

7. Wenn von einem Auto 1910 erwartet worden wäre, dass es 300.000 km läuft (die Laufleistung eines Motors kam damals nicht über 5000 km), wäre das Auto nie entwickelt worden. Aber mit dem Stirlingmotor geht man gnadenlos um. Er muss gleich 40.000 Betriebsstunden bei Volllast bringen – und das am liebsten ohne jede Wartung. Hier muss man einen kühlen Kopf bewahren. Es geht auf keinen Fall, dass auf dem Prospekt zigtausende Stunden Betriebszeit garantiert werden und man die gesamte Erprobung beim Kunden macht, statt im eigenen Maschinenlabor. Dadurch setzt man den guten Ruf des Stirlingmotors aufs Spiel, ganz zu schweigen von dem Vertrauen, das man beim Kunden zerstört. 10.000 Stunden im Maschinenlabor und anschließender positiver Befundung der Laufflächen in

den Wälzlagern – das muss schon sein, bevor wir in den Verkauf gehen.

Und auch dann dürfen wir uns als Entwickler nicht in die Enge treiben lassen, sondern selber die Initiative ergreifen und alternative Konzepte finden. Eine Möglichkeit sehe ich im Austauschmotor, solange wie zum Beispiel noch keine automatische Nachschmierung entwickelt worden ist oder diese noch nicht störungsfrei funktioniert. Über Sensoren und Modem kann man frühzeitig erkennen, wann ein Austausch nötig ist, fährt zum Kunden, nimmt den Austausch vor und kann dann in der Firma in aller Ruhe die Maschine aufmachen. Damit fallen auch Reparaturen im Keller des Kunden weg, die ohnehin nur unkontrolliert Staub ins Getriebe bringen würden. Zu einem solchen Konzept muss man aber von vorne herein stehen, d.h. es auch vorher ankündigen. Schlecht wäre es dagegen, nach dem Motto „sehn wir mal" zu verfahren und irgendwann kleinlaut mit dem Austauschen zu beginnen, wenn es gar nicht mehr anders geht.

Aber vielleicht gibt es neben dem Austauschmotor in Zukunft noch andere tragbare Alternativen.

Hier die 7 Gründe noch einmal tabellarisch zusammengefasst:

	Benennung	Lebensdauer-verkürzung, geschätzt	Art des Grundes
Grund 1	Phasenwinkel	3 x	Wissen lückenhaft
Grund 2	Anlenkhebel	Limitierend auf 500 Std.	Wissen lückenhaft
Grund 3	Adiabatik/ Lagerkräfte	5 x	Wissen lückenhaft
Grund 4	Nachschmierung	10 x	Wissen lückenhaft Entwicklung nötig
Grund 5	Brennerentwicklung		Entwicklung nötig
Grund 6	Management		Umdenken nötig
Grund 7	Austauschmotor		Umdenken nötig

Vier der sieben Gründe resultieren aus Wissenslücken, Nun, gegen Unwissenheit kann man etwas tun. Die Motivation für die Internetseite „stirling-und-mehr.de", die diesem Buch vorausging, war es anfangs, genau hier Abhilfe zu schaffen. Es bleibt zu hoffen, dass es einer Firma gelingt, endlich den Durchbruch mit einem Stirling-Aggregat zu schaffen und sich am Markt zu etablieren. Als Motor mit Getriebe hat er gegenüber dem Freikolben-Stirlingmotor den Vorteil, dass er mit verschiedenen Drehzahlen und damit mit verschiedenen Wirkungsgraden und Leistungen gefahren werden kann. Gerade in der häuslichen Anwendung, bei der man meistens kleine Leistungen mit gutem Wirkungsgrad benötigt und nur selten, aber dann unbedingt auch einmal große Leistungen, wäre der „normale" Stirlingmotor von großem Wert!

Die Stirling-Pyramide

Man muss wissen, was man will und was man kann

Es gibt viele Unterschiede zwischen Heißgasmotoren. Die Typologie scheint keine Grenzen zu kennen.

Neben den sogenannten Typen Alpha, Beta und Gamma gibt es die vielfältigsten Bauformen nach Kolben-Variationen und Triebwerks-Variationen (siehe Literatur, z.B. „Stirlingmaschinen" von Martin Werdich und Kuno Kübler; Seite 39-55 und 58-70 in der 12. Auflage bzw. Seite 27-35 und 39-46 in der 13. Ausgabe).

Darüber hinaus kann man deutlich zwischen drei Generation unterscheiden:
*   die großen, offenen Motoren mit Tropföl-Schmierung des 19. Jahrhunderts
*   die geschlossenen Maschinen mit Spritzöl-Schmierung ab 1938 und
*   die fettgeschmierten Trockenläufer, etwa ab 1980

Aber es gibt noch ein weiteres Unterscheidungsmerkmal, auf das selten eingegangen wird, obwohl es allgegenwärtig ist. Es ist wohl am besten, dieses Merkmal einmal als Pyramide aufzuzeichnen (siehe unten).

Dabei soll der Modellbau nicht abgewertet werden. Ein formvollendetes Modell als Schmuckstück für den Schreibtisch ist als Wegbereiter genauso wertvoll wie eine wirtschaftliche Kraft-Wärme-Kopplung im Keller. Aber es gibt dazwischen große Unterschiede.

Bei der Stirling-Pyramide geht es um diese Unterschiede, nicht um Qualitäts-Stufen und schon gar nicht um gut oder schlecht konstruierte bzw. gefertigte Maschinen.

Jeder, der einen Stirlingmotor plant, muss wissen was er will (Anwendung) und kalkulieren, was er zu investieren bereit ist – finanziell, zeitlich und organisatorisch. Es geht also um eine Art Level oder noch besser einen Stand, den der Stirlingmotor innehat.

Außerdem kann die Stirling-Pyramide dazu dienen, zu erkennen, welche Maßnahmen nötig wären, um bei der nächsten Konstruktion einen nächsthöheren Stand zu erreichen. Der Aufwand wird nach oben hin immer größer. Das muss man wissen, wenn man z.B. bessere Wirkungsgrade oder ein besseres Leistungsgewicht erreichen will.

Die Einteilung in die verschiedenen Pyramiden-Stufen wurde durch Vergleich vieler Stirlingmotoren getroffen. Sie erhebt keinen Anspruch auf Vollständigkeit oder „richtige" Reihenfolge.

Die Zahlenangaben sind alle mit dem Etikett „ungefähr" und „ca." zu verstehen, sie bezeichnen lediglich den Trend, der sich bei den Stufen abzeichnet.

Auch sollte anhand dieser Pyramide ein Käufer abschätzen können, ob ein Motor, der ihm angeboten wurde, das hergibt, was er sich von der Maschine erhofft hat.

Stirling-Pyramide

Hightechmotor
(mit automatischer Intervallschmierung)
Schnelldrehender Heliummotor ab 1 kW,
Gewicht ab 150 kg, η ca.20%,
nur als Groß-Serienprodukt herstellbar

Profimotor (gegossenes Druckgehäuse
und angepaßtem Kurbelzwischenwinkel)
ab 200 W, 25 bar Luft o.35 bar N_2 (Simmerring-Kaskate)
oder Inside-Generator ohne Simmerringe,
Wartung:Fettung alle 500 Std., Lebensdauer 10000 Std.
Gewicht ca. 100 kg, η ca.15%,
nur als Serienprodukt herstellbar

Projektmotor (mit Querkraft-Entlastung,
Puffergefäß bzw.Reihenmotor und Kühlwasserkreislauf)
20 W bis 200 W, Arbeitsgas Luft bis zu 5 bar aufgeladen,
830 U/min, Wartung: Fettung bzw.Lagertausch alle 500 Std.,
Lebensdauer bis 5000 Std., Gewicht 8-20 kg, η ca.12%,
prof. ausgestattete Werkstatt und Mechanikerkenntnisse nötig

Demonstrationsmotor (mit Kurbelschwinge)
bis ca.40 W, atmosphärisch, 650U/min, Wartung: Ölung alle 20 Std.,
Heißteil-Reinigung alle 200 Std., Lebensdauer bis 3000 Std.,
Gewicht ca.5 kg, η ca.10%,
Bau nur mit tätiger Mithilfe des Meisters für Lehrlinge geeignet

Modellmotor (mit Ringspalt-Regenerator)
1-3 W, atmosphärisch, 400-800 U/min, Wartung: Ölung alle 100 Std.,
Lebensdauer bis 2000 Std. bei guter Pflege, Gewicht 0,2-0,5 kg, η ca.8%,
als Aufgabe für Lehrlinge geeignet - außer 2 Teile

Wir berechnen einen Biomasse-Stirlingmotor

Ziele:

Möglichst kompakter Motor

Holzhackschnitzel- oder Pellets-Befeuerung

Kraft-Wärme-Kopplung

Die Kompaktheit eines Heißgasmotors entscheidet sich an zwei Dingen:

Erstens an der Aufladung, je höher der Mitteldruck gewählt wird, umso niedriger ist das Leistungsgewicht (Gewicht durch Leistung) bzw. das Leistungsvolumen (Gewicht durch das umbaute Volumen). Um dem Ziel gerecht zu werden, entscheiden wir uns für die Aufladung mit Helium und visieren einen Druck von 30 bar an.

Zweitens kann ein Motor, der nur ein wenig über seiner Anwurf-Temperatur, und damit noch fast im Leerlauf läuft, kaum als kompakt bezeichnet werden. Die Betriebstemperatur sollte also erheblich höher liegen als die Anwurf-Temperatur. Dieser Temperatur-Aufschlag-Faktor wird im Allgemeinen zwischen 1,3 und 1,35 gewählt. Wir werden weiter unten mit einem Faktor von 1,333 bzw. dem reziproken Faktor 0,75 rechnen.

Die Temperatur im Heißteil hängt übrigens von der Heizungsart ab. Wir unterscheiden hier im Wesentlichen drei verschiedene Level:

1. Stark konzentrierte Flammen und typische Heißteil-Temperaturen von über 700°C bei Erdgas, Benzin oder Dieselöl oxidiert mit reinem Sauerstoff. Keine Stickstoff- und Argon-Anteile (Luft) im Brenngas. Solche Flammen werden in schwedischen U-Booten erfolgreich angewendet.

2. Konzentrierte Flammen und typische Heißteil-Temperaturen von um die 650°C bei fossilen Brennstoffen, die mit Luft oxidiert werden. In der Luft befindet sich ein Stickstoff-Anteil von 78% und ein Argon-Anteil von 1%. Diese beiden Gase sind für die Flamme nicht brauchbar. Lediglich der Sauerstoff-Anteil von 21% trägt zur Verbrennung bei.

3. Schwach konzentrierte Flamme und Heißteil-Temperaturen von typisch 530°C bei regenerativen Feuergasen. Darunter fallen Befeuerungen mit Holzpellets, Holz-Hackschnitzel bzw. deren vergaste Varianten, Befeuerungen mit Biogas, Deponiegas und Klärgas. Alle diese Brenngase besitzen nur wenig reaktive Gase wie Methan und Sauerstoff, da zu den nicht brauchbaren Gasen der Luft (Stickstoff und Argon) nun noch ein hoher Anteil von Kohlendioxyd und Wasserdampf dazukommen. Man nennt solche Gase auch Schwachgase.

Von unserer Zielvorgabe her müssen wir leider vom letzten Level ausgehen, mit Heißteil-Temperaturen von 530°C (bei vollem Arbeitsgas-Druck).

Außerdem haben wir eine Kraft-Wärme-Kopplung im Auge. Das bedeutet, dass wir z.B. mit 45°C Wassertemperatur in den Kühler gehen, mit 55°C herauskommen und damit eine typische Arbeitsgas-Temperatur von um die 80°C im Kaltteil des Motors erreichen.

Damit steht das Temperaturverhältnis unseres Biomotors im Betrieb fest. Da bei Temperaturverhältnissen immer vom absoluten Nullpunkt (-273°C) ausgegangen wird, rechnen wir die beiden Temperaturen in die Kelvin-Skala um: 530°C entsprechen 803 K und 80°C entsprechen 353 K. 803 K durch 353 K ergibt ein Temperaturverhältnis von 2,3.

Nun benutzen wir wie oben angedeutet den reziproken Faktor des Temperatur-Aufschlages gegenüber dem Leerlauf. Wir multiplizieren das Temperaturverhältnis des Betriebes mit 0,75 und erhalten das Temperaturverhältnis des Leerlaufes: 2,3 mal 0,75 gleich 1,72. Dies ist nun das Temperaturverhältnis, bei der unser Motor angeworfen werden kann oder bei der er am Ende einer Laufzeit austrudelt. Es ist das Temperaturverhältnis, bei dem die Kompression des Motors gerade so überwunden wird.

Mit diesem Temperaturverhältnis können wir nun das nötige Kolbenverhältnis bestimmen. Laut dem Kapitel „Kolbenverhältnis" muss vom Temperaturverhältnis des Leerlaufes genau 1 subtrahiert werden. Heraus kommt also ein Kolbenverhältnis von **0,72**.

Ein Kolbenverhältnis von 0,72 bedeutet, dass der Verdränger z.B. einen Durchmesser von 100mm und der Arbeitskolben einen Durchmesser von 85mm besitzt, wenn die beiden Hübe gleich sind. Denn die Gleichung lautet:

Das Kolbenverhältnis des Stirlingmotors ist gleich dem Hubvolumen des Arbeitskolbens dividiert durch das Hubvolumen des Verdrängerkolbens

Unsere Berechnung dieses Stirlingmotors wird schließlich noch

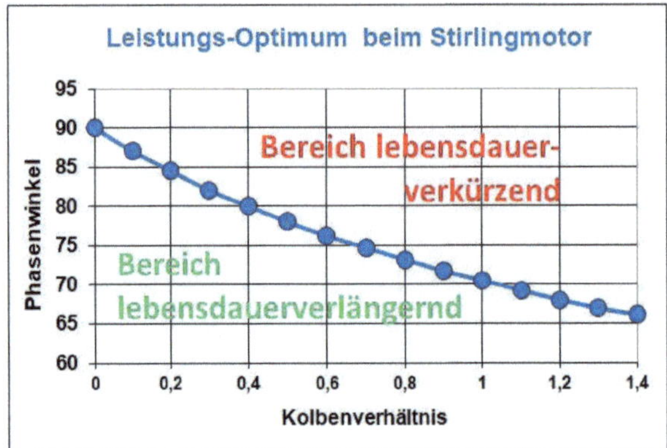

abgerundet durch die Ermittlung des optimalen Phasenwinkels. Ausgehend von einem Kolbenverhältnis von 0,72 ermitteln wir anhand der Tabelle links einen Phasenwinkel von ca.74°. Um höhere Lebensdauer zu bekommen können wir aber auch einen niedrigeren Phasenwinkel vorsehen, vor allem auch deshalb, weil wir Helium benutzen wollen. Bei diesem flüchtigen Gas haben wir immer eine hohe Leckrate am Kolbenring. 72° bis 68° sind hier angebracht.

Die einzige leistungsunabhängige Frage ist noch die nach dem Verhältnis von Hub und Durchmesser. Nun, die meisten Stirlingmotoren sind Kurzhuber mit einem Hub von ca. dem halben Durchmesser des Verdrängerkolbens, aber es gibt auch Konstruktionen mit bis zu 0,8 Mal dem Durchmesser als Hub. Diese Motoren können nicht ganz so schnell durchgehen, da sie bei Überdrehzahl große Strömungswiderstände entwickeln.

Schließlich kommt noch die gewünschte Leistung ins Spiel. Wenn die Temperaturverhältnisse und die Aufladung (wir wählten 30 bar Helium) und die Kurzhubigkeit bereits festliegen, dann hängt die Leistung nur noch vom Durchmesser des Arbeitskolben ab. Den Durchmesser berechnen wir aus dem AK-Hubvolumen anhand des Kapitels „Leistungsberechnung von Stirlingmotoren"

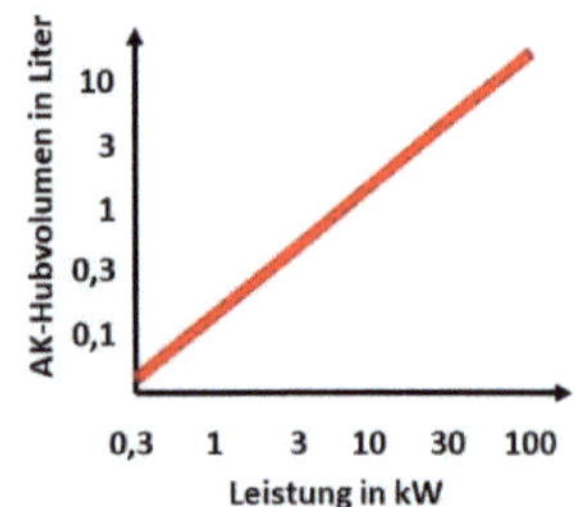

160

Nachdem auch die Leistungsberechnung durchgeführt wurde, liegen nun alle Größen für die Konstruktion unseres Biomasse-Stirlingmotors fest. Bei der anschließenden Konstruktion ist natürlich auf die Auswuchtung und die Komponenten zu achten, die ebenfalls im Hauptteil dieses Buches behandelt werden.

Hilfe, mein Stirlingmotor geht durch!

„Hilfe, mein Stirlingmotor geht durch!" So oder ähnlich tönt der Aufschrei, wenn man hilflos zusehen muss, wie das selbstgebaute, wertvolle Stirlingmotor-Modell plötzlich nach einer längeren Belastung mit Zeigefinger und Daumen in den Leerlauf hochschnellt. Zu den hohen Drehzahlen, die gar nicht beabsichtigt waren, gesellen sich vielleicht noch reibende oder knirschende Geräusche. Der Atem stock, der Blutdruck steigt und so schnell wie möglich hält man den Motor an. Täuscht der Eindruck, oder ist der Stirling tatsächlich noch nie so schnell gelaufen?

Sicher hat man den Motor schon mal auf Drehzahlen getestet, hat sich im Leerlauf langsam vorgetastet, den Brenner immer höhergestellt und als zweifelhafte Nebengeräusche entstanden, den Test abgebrochen. Bis zu dieser Brennereinstellung konnte man also gehen. Es wurde eine Maximal-Markierung gesetzt, um den Stirlingmotor nie über diese Brennerstellung zu belasten.

Und trotzdem – jetzt ist der Motor doch durchgegangen! Wie konnte das passieren?

Die Frage gilt es zu klaren: Was geschieht eigentlich – nämlich physikalisch – beim sogenannten Durchgehen?

Der Grund für dieses abnorme Verhalten des Stirlingmotors liegt nur oberflächlich betrachtet in der plötzlichen Wegnahme der

Last. Wenn man tiefer in die Materie blickt, fallen einem die Temperaturen am Erhitzer auf. Am besten man benutzt dazu ein Infrarot-Thermometer. Beim oben erwähnten Drehzahl-Test im Leerlauf erhöht sich die Temperatur bei steigender Drehzahl kaum. Das Arbeitsgas im Inneren oszilliert immer schneller und nimmt dabei immer schneller Wärme auf. Oder anders ausgedrückt: Die von außen zugeführte Wärme wird sofort innen wieder geschluckt. Aber wenn wir nicht den Drehzahl-Test im Leerlauf machen, sondern den Motor durch einen Generator oder eine andere Arbeitsmaschine belasten, stabilisieren wir damit die Drehzahl bei zum Beispiel halber Maximaldrehzahl. Die Brennerleistung wird aber noch weiter bis zur Maximal-Markierung hochgefahren. Der Energieeintrag in den Erhitzer ist schließlich um Einiges höher, als die Energieabnahme innen im Erhitzer. Dadurch steigt jetzt die Temperatur am Erhitzer an, man könnte auch sagen, die Temperatur staut sich auf. Dadurch wird das Drehmoment des Motors immer steifer, die Leistung steigt, trotz gleichbleibender Drehzahl. Nach ein paar Minuten ist diese Aufstauung der Temperatur abgeschlossen und damit auch die Leistungssteigerung. Das Temperaturniveau liegt jetzt aber wesentlich höher als beim Drehzahl-Test und das bedeutet, dass wenn jetzt plötzlich die Last weggenommen wird, dass dann die Drehzahl weit über der Maximaldrehzahl des Drehzahl-Testes liegt: Der Motor geht durch.

Und das gilt natürlich auch, wenn die Flamme sofort gelöscht wird. Die aufgestaute Temperatur flaut erst nach 20 Sekunden bis zu mehreren Minuten – je nach Erhitzermasse - soweit ab, dass ein entspannter Leerlauf gewährleistet ist. In dieser Zeit kann vieles kaputt gehen, nicht nur das Getriebe.

Das Phänomen des Durchgehens ist ein stirling-spezifisches Phänomen, das so bei anderen Motoren nicht zu beobachten ist.

Noch ein Wort zum „Drehzahl-Test". Bei kleinen Stirlingmotor-Modellen ist dieser üblich. Bei Leistungsmotoren – vor allem wenn Helium als Arbeitsgas dient – wäre ein solcher Versuch völlig sinnlos. Hier wird die Brennerleistung je nach Motor auf das 20 bis 30-fache eines derartigen „Drehzahl-Test" eingestellt, damit er das volle Drehmoment abgibt. Umso heftiger würde ein Durchgehen wiegen. Fliehkraftbremsen sind hier unerlässlich. Und wenn sträflicher Weise keine Bremsen eingesetzt werden und auch der elektrische Notbrems-Stromkreis ausfällt, sieht es nach dem Durchgehen in einem Getriebe wie im nachfolgenden Bild aus.

Durch einen Blitzeinschlag im nahen Umspannwerk und dadurch bedingten Stromausfall kam es zur Katastrophe. Die M10-Schraube, mit der das Gegengewicht der Kurbel an der Kurbel befestigt war, scherte durch die Überdrehzahlen ab und das Gegengewicht zerschlug das gesamte Getriebe und verzog sogar das massive Sphäroguss-Gehäuse um 0,3 mm. Aus den zerschlagenen

Lagern lag überall noch weißes Fett, der Motor hatte erst wenige hundert Stunden auf dem „Buckel". Beim Nachrechnen, ab welcher Drehzahl die Scherkraft des Schraubenschaftes erreicht ist, kamen über 20.000 Umdrehungen pro Minute heraus. Helium macht's möglich. Außerdem gibt es bei Beta-Motoren keinen Überströmkanal, der wenigstens ein klein wenig Widerstand geboten hätte.

Fassen wir noch einmal zusammen:

Beim Durchgehen aus der Last heraus gibt es sehr viel höhere Drehzahlen als beim normalen Leerlauf.

Das Durchgehen ist ein ernst zu nehmendes Phänomen bei allen Stirlingmotoren.

Der Vorführ-Effekt

Wenn man kleine Modellmotoren vorführt und ein Gast am Schwungrad mit dem Finger ein Drehmoment abnehmen will, gehen die Drehzahlen sofort in die Knie und der Motor nibbelt ab. Das macht keinen guten Eindruck. Das schadet dem Image des Stirlingmotors. Zurecht fragt der Gast dann, ob Stirlingmotoren überhaupt ein Drehmoment haben? Und da Leistung ja die Multiplikation von Drehzahl und Drehmoment darstellt, stellt sich gar die Frage: haben Stirlingmotoren überhaupt Leistung? Ja, das hätten sie, wenn man die Versuchsanordnung etwas ändern würde. Denn die soeben geschilderte Anordnung entspricht der Situation am Auto, wenn man ohne Gas zu geben, plötzlich einkuppelt. Jeder weiß, dass der Auto-Motor dann abgewürgt wird. Man muss beim Einkoppeln gleichzeitig Gas geben. Genau das aber ist beim Stirlingmotor nicht so einfach. Während man beim Explosionsmotor innerhalb einer zehntel Sekunde das Drehmoment durch Gasgeben verdoppeln kann, bewirkt ein Höherstellen der Spiritusflamme beim Stirlingmotor erst nach einer halben Minute eine Erhöhung des Drehmomentes. Und wenn man diese Geduld aufgebracht hat und an der Welle mit zwei Fingern allmählich immer stärker zugedrückt hat, dann darf man auf keinen Fall mehr loslassen, sonst geht der Motor durch (voriges Kapitel), denn auch ein Zurückregeln des Drehmomentes dauert eine halbe Minute. Der Stirlingmotor kann also durchaus was, aber er besitzt ein „träges Verhalten", so die offizielle Fachbezeichnung.

Es ist daher angebracht, auf Ausstellungen stets Motoren mit Generatoren zu koppeln und die elektrische Energie in verbotenen, alten Glühbirnen oder in Heizdrähten zu verbraten und diese künstlichen Verbraucher durch eine automatische Drehzahlerfassung plötzlich bzw. allmählich wegzuschalten, in dem Moment, in dem ein Gast mit der Hand an die Schwungscheibe geht. Bei Motoren ab 40 Watt sollte man allerdings einen Wassereimer neben den Motor stellen, damit sich der allzu wissbegierige Gast die Hand sofort nach dem Verbrennen abkühlen kann.

Wer die wertvolle mechanische Leistung nicht elektrisch verbraten will, der kann ein Abzweigrohr am kalten Teil des Stirlingmotors anbringen (z.B. am Überströmrohr, wenn es ein Gamma-Typ ist), in dieses Rohr ein Ventil einbauen und das Rohr danach in einen leeren Behälter, einen sog. Totraum enden lassen. Der Motor wird auf kleiner Flamme und offenem Ventil vorgeführt und wenn jetzt ein Gast an die Schwungscheibe geht, muss z.B. ein Fliehkraftregler das Ventil

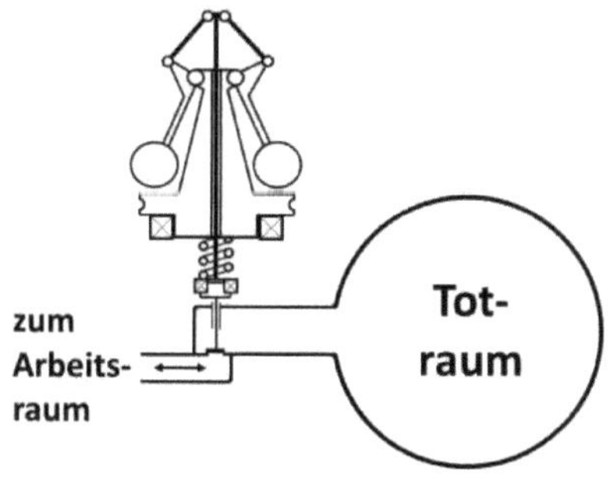

zudrücken. Jetzt sind die Druckschwankungen im Arbeitsraum wesentlich höher und damit das Drehmoment stärker. Der Gast kann den Stirlingmotor jetzt kaum noch abwürgen. Er lernt den Motor als Kraftpaket kennen.

Wer einen aufgeladenen Motor besitzt, könnte bei der Vorführung auch eine Druckregelung realisieren. Aber erstens funktioniert diese Regelung nur langsam – ungefähr mit zwei Sekunden Verzögerung (bis dahin kann der Gast bereits den Motor abgewürgt haben) und zweitens kann man diese Regelung schlecht mit einfachen Mitteln automatisieren.

Keine so gute Idee ist es, eine Vorführ-Regelung durch eine Fliehkraft-Bremse zu realisieren. Sie wird heiß und nutzt sich vielleicht schon ab, bevor schließlich der erste Gast seinen Finger an die Schwungscheibe hält. Eine Fliehkraft-Bremse ist gegen Durchgehen eigentlich für jeden Stirlingmotor Pflicht (siehe Beitrag „Bremse"), aber die Eingriffsdrehzahl sollte natürlich höher sein, deutlich über dem Leistungsmaximum.

Checkliste für einen erfolgreichen Erstlauf (Kleinmotor)

Kann man vor einem Erstlauf eines Strilingmotors bereits vorhersagen, ob dieser ein Erfolg werden wird?

Schon mancher Stirlingfreund zeigte dem Autor sein selbstgebautes Modell, weil es nicht oder nur sehr schwer in Schwung zu setzen war. Auch wenn jeder Motor ein Unikat darstellte, gab es doch ein bestimmtes Muster an Problempunkten. Im Folgenden sollen solche Problempunkte aufgezählt werden.

Leichter Lauf

Kleine Stirlingmodelle, die durch einen Tropfen Öl am Arbeitskolben dichten, verbrauchen mehr als die Hälfte ihrer thermisch erzeugten Leistung durch diese Ölschmierung, da Öl immer eine gewisse Zähigkeit besitzt. Da sollte es jedem einleuchten, dass Schwergängigkeiten am sonstigen Getriebe (Kurbelwellen-Lagerung, Pleuel-Lagerungen und Pleuel-Gelenken) nichts an einem Stirlingmodell zu suchen haben.

Einen Check-Test auf leichten Lauf macht man am besten mit heruntergenommenem Erhitzerkopf, also ohne störende Kompression. Man erwärmt den kalten Teil vorsichtig mit einem Bunsenbrenner, bis er die Temperatur hat, die später beim Dauerlauf vermutet wird. (in der Regel 40°C). Dadurch setzt man die Zähigkeit des Öls herab, das zwischen Arbeitskolben und dessen Zylinder schmiert und dichtet. Dann setzt man Daumen und Mittelfinger gegenüber auf das Schwungrad und tut so, als ob man den Motor mit mehreren hundert Umdrehungen anwerfen wollte. Dabei zählt man, mit wieviel Umdrehungen das Schwungrad nachläuft, bis es stehen bleibt. Sind dies nur zwei oder weniger Umdrehungen, ist ein erster erfolgreicher Testlauf unwahrscheinlich.

Bei vier oder mehr Umdrehungen bestehen dagegen gute Chancen, wenn die unteren Punkte auch passen.

Kompression

Jeder thermodynamische Motor braucht eine gute Kompression. Alle beweglichen Teile müssen also zu den stehenden Teilen hinreichend gut abgedichtet sein. Beim Stirlingmotor ist das nicht nur die Passung zwischen Arbeitskolben und dessen Zylinderwandung (bei kleinen Modellen mit Öl gedichtet), sondern auch die Passung zwischen der Verdrängerkolbenstange und ihrer Buchse. Um die Kompression zu testen, müssen wir jetzt den Erhitzer montieren. Das tun wir bei einer Mittelstellung des Arbeitskolbens, also nicht in einem der Totpunkte. Daraufhin erfolgt der eigentliche Kompressions-Test: Man bewegt mit der Hand das Schwungrad innerhalb ungefähr einer halben Sekunde um ca. 60° und lässt dann das Schwungrad los. Die Reaktion ist ein Zurückfedern des Kolbens, wenn die Passungen gut genug gefertigt worden sind. Man sollte diesen Test in beiden Drehrichtungen machen. Federt der Motor überhaupt nicht zurück, obwohl er beim oberen Test keine Schwergängigkeit zeigte, dann ist ein erster erfolgreicher Testlauf des Stirlingmotors unwahrscheinlich.

Dichtigkeit

Was bei dem Kompressionstest auch deutlich wird, ist die Frage, ob die Arbeitsräume nach außen hin dicht sind. Wenn der O-Ring zum Beispiel nicht genügend dichten sollte, verpufft Kompression an diesem Leck. Metallische Dichtungen oder Presspassungen haben sich bei Modell-Stirlingmotoren nicht als dicht genug bewährt. Aber die Kompression kann auch nach innen verpuffen, wenn der Verdrängerkolben nicht abgedichtet ist. Der Verdrängerdom gehört mit dem Verdrängerboden verklebt und die Kolbenstange, die meist in den Verdrängerboden verschraubt wird, muss ebenfalls vor der Verschraubung einen Tropfen Kleber oder Loctide abbekommen.

Mehr zum Thema Dichtigkeit im Kapitel „Dichtigkeit".

Wärmelängsleitung

Bei vielen Bauanleitungen wird als Werkstoff Messing oder Aluminium im Erhitzerbereich angegeben. Messing leitet die Wärme gut und ist daher wirklich geeignet für die Wärmeübertragung von der Flamme auf das Arbeitsgas. Was dabei aber übersehen wird, ist die Wärmelängsleitung zwischen dem heißen und dem kalten Teil – und zwar sowohl außen am Zylinder, wie auch innen am Verdränger. Hier sollte kein Material eingesetzt werden, das die Wärme gut leitet, sondern schlecht, wie z.B. Stahl oder noch besser Edelstahl. Sonst heizt sich der kalte Teil unnötig auf und das Temperaturverhältnis zwischen Heiß und Kalt verschwindet zunehmens. Nach wenigen Minuten ist aus dem Motor keine Leistung mehr herauszuholen und nach ein paar weiteren Minuten kann der Stirling sogar stehen bleiben. Bei extrem kurzen Erhitzern kann es sogar vorkommen, dass der Motor überhaupt nicht läuft, obwohl er die beiden oberen Tests bestanden hatte. Schnell mal einen O-Ring oder eine Flachdichtungen zwischen den Erhitzer und den Kühler klemmen, um die Wärmelängsleitung zu begrenzen, bringt kaum etwas und ist gefährlich. Solche Ringe sind nicht für derart hohe Temperaturen geeignet und können beim Verschmoren giftige Dämpfe erzeugen. Auch kein Ersatz für schlecht wärmeleitende Materialien sind extrem dünne Wandungen aus Messing. Das hilft zwar etwas, aber nicht viel. Was dagegen sehr hilft, ist der Aufbau einer möglichst langen Regeneratorstrecke, also einem Zylinderbereich, der weder geheizt noch gekühlt wird. Und wenn diese Regeneratorstrecke dann noch aus Stahl, Edelstahl oder sogar Glas besteht, kann der Motor beim Erstlauf bereits ein richtiges Drehmoment entwickeln. Einen längerer Verdränger zu drehen, ist allerdings nicht jedermanns Sache.

Wärmeleitwert in W/mK	
Werkstoff	
Kupfer	320
Alu	180
Messing	100
Stahl	50
Bronze	40
Edelstahl	15-18
Glas	ca.1

Ölwahl

Welches Öl nimmt man als Schmierung am Kolben und an der Verdrängerkolbenstange? Auch die Ölwahl kann dafür entscheidend sein, ob ein Modellmotor läuft oder nicht. Motorenöl zu nehmen, ist wegen der Additive nicht ratsam. Die meisten Modellbauer nehmen Nähmaschinenöl, aber nicht irgendwelches, sondern mit der zusätzlichen Aufschrift „harz- und säurefrei". Verdünnen kann man das Öl mit 10 bis 30% Petroleum. Aber Vorsicht: Jede Verdünnung bewirkt auch, dass die Schmierung nachlässt und möglicherweise vorzeitig Abriebs-Erscheinungen auftauchen.

Verdränger-Fertigung

Eine besondere Herausforderung beim Bau eines Stirlingmotors ist die Fertigung des Verdrängers. Neben dem dünnwandigen Zylinderkörper aus Stahl oder Edelstahl, ist es vor allem die Koaxialität zwischen ihm und der Kolbenstange. Nur wer diese Hürde meistert, kann einen optimalen Ringschlitz einstellen, so dass der Motor ein gutes Drehmoment erreicht. Ob die Koaxialität ausreichend ist, kann man auf der Drehbank leicht ermitteln, indem man die Kolbenstange ins Backenfutter einspannt und den Taster einer Messuhr vorne am Verdränger gleiten lässt, während man von Hand langsam das Backenfutter dreht. Liegt die Koaxialität innerhalb eines Viertel des vorgesehenen Ringspaltes, so sollte der Motor funktionieren. Voraussetzung ist dabei allerdings, dass die Passung zwischen Kolbenstange und ihrer Buchse auch nur eine Kippbewegung von einem Viertel des Ringspaltes zulässt.

Soweit die Checkliste für kleine Modellmotoren mit Ölschmierung.

Checkliste für Leistungsmotoren

Auch für größere Motoren, die Leistung abgeben sollen, gelten die oberen Punkte, außer dem der Schmierung.

Leistungsmotoren sind Trockenläufer. Um die Kolbenbandagen aus Teflon zu schonen, besitzen sie Anlenkhebel. Auch für diese Hebel gilt, dass sie nicht klemmen dürfen. Wenn sie axial wandern können, ist diese Gefahr gegeben.

Die stützende Kolbenbandage sollte möglichst nahe an der Zy-

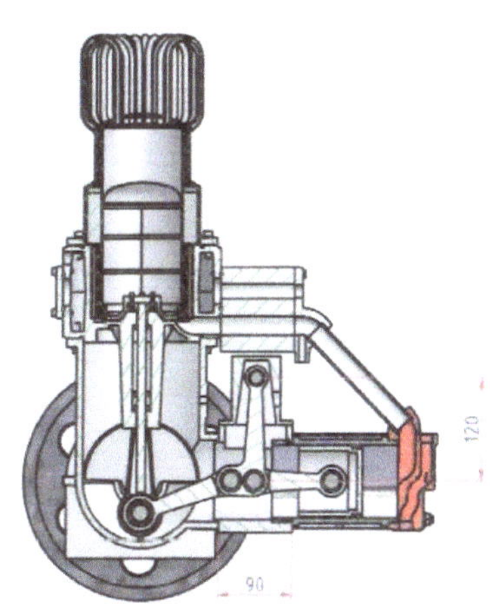

linderwandung anliegen, damit keine unerwünschten Geräusche entstehen und die Bandage durch ständiges Hin- und Hergestoßen-werden vorzeitig weggedängelt wird. Da der Wärmeausdehnungs-Koeffizient von Teflon viel höher liegt als bei allen Metallen, sollte die Teflon-Bandage so dünn wie möglich sein, jedenfalls nicht dicker als 1mm. Den Ringspalt zwischen Bandage und Zylinder stellt man in einem Wärmeschrank ein. Wenn man als Arbeitsgas Helium plant und eine Kühlwasser-Temperatur von 70°C zulassen will (Kraft-Wärme-Kopplung), dann bedeutet dies z.B. 110° an den Kolbenbandagen. Der Wärmeschrank ist in diesem Fall zuerst auf 120°C einzustellen. Bei dieser Temperatur sollte der Kolben blockieren oder schwergängig in der Zylinderbuchse laufen, beim Abkühlen auf 110°C muss der Kolben dagegen frei laufen. Tut er das nicht, muss weiter abgekühlt werden, um zu sehen, für welche Kühlwasser-

Temperatur diese Paarung geeignet ist. (70°C zu 110°C, also 40K war hier für Helium angegeben, bei Luft oder Stickstoff liegt dieser Wert bei ca. 60K. Es kommt auch darauf an, wie gut die Zylinderwandung gekühlt werden kann. Bei schlechter Kühlung kann der Wert durchaus bei 80K liegen.)

Die Gegen-Laufflächen für die Teflon-Bandagen sollten am besten geschliffen oder gehohnt sein. Dabei kommt es nicht so sehr auf die Oberflächen-Rauhigkeit an, sondern wie die Mikro-Struktur dieser Oberfläche aussieht. Beim Drehen erhält man runde „Wellentäler" und spitze „Wellenkämme", denkbar schlecht geeignet für einen Teflon-Gegenpartner. Beim Schleifen werden die Spitzen abgetragen, ja das Bild dreht sich förmlich um, weil auch neue Riefen entstehen. Diese sind jedoch nicht schlecht. In diesen Riefen haftet ein anfänglicher kleiner Abrieb an Teflonmaterial, so dass schließlich Teflon auf Teflon gleitet. Man kann dieses „Gegen-Teflon" auch künstlich bei der Fertigung auftragen, so dass auch der anfängliche Abrieb der Bandagen vermieden wird.

Automatisierte Nachfettung

Die hoch beanspruchten Wälzlager des Arbeitskolben-Triebwerkes müssen regelmäßig mit neuem Fett versorgt werden. Die automatisierte Fettversorgung muss ausgiebig auf Zuverlässigkeit geprüft werden.

Andere Heißgasmotoren

Abgrenzung:

Heißgasmotoren sind thermodynamische Kraftmaschinen. Als Arbeitsmedium werden ausschließlich technische Gase verwendet. In ihrem Kreisprozess findet keine Verbrennung statt wie beim Otto- und Dieselmotor und der Gasturbine. Auch werden keine Gase verwendet, die im Kreisprozess kondensieren und verdampfen wie bei Wasserdampf-Kraftwerken.

Klassifikation:

Anfangs hatten alle Heißgasmotoren Luft als Arbeitsmedium und hießen darum Heißluftmotoren. Um Sauerstoff und damit verbundene Oxidation aus dem aufgeladenen Motor herauszubekommen, setzt man möglichst Stickstoff in Heißgasmotoren ein. Um jedoch bessere Leistungsdichten zu erzielen, sind seit 1947 Helium und Wasserstoff üblich.

Es gibt Heißgasmotoren, deren Gas zwischen einer warmen und kalten Seite oszilliert wie beim Stirlingmotor, Ridermotor, Siemensmotor und Franchotmotor und es gibt Heißgasmotoren, deren Gas zirkuliert in einer Ringleitung zwischen der warmen und kalten Seite wie beim Joulemotor, Ericssonmotor und Mansonmotor.

Bei den Heißgasmotoren mit zirkulierendem Arbeitsgas wird von offenen und geschlossenen Systemen gesprochen. Bedenkt man allerdings, dass bei offenen Systemen die Atmosphäre auch ein Teil des Rohrsystems – wenn auch ein fast unendlich großes – darstellt, dann muss man durchweg von geschlossenen Systemen reden. Deshalb kann man gedanklich, wie auch ganz real um jeden offenen Heißgasmotor ein Gehäuse setzen, in das er sein Arbeitsgas „ausatmet" und aus dem er dann auch wieder „einatmet".

Im Folgenden soll auf die verschiedenen Motoren eingegangen werden. Da das Thema des vorliegenden Buches der Stirlingmotor ist, klammern wir ihn hier aus. Die anderen Heißgasmotoren sollen in der Reihenfolge wie oben besprochen werden.

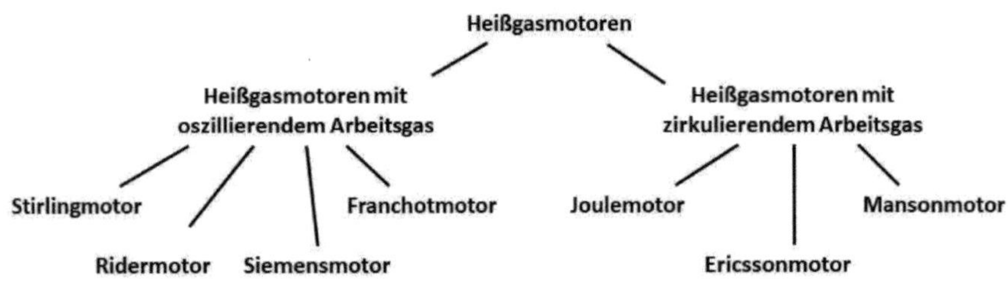

Der Ridermotor (Alpha-Typ)

Wie schon im Kapitel „Einordnung des Stirlingmotors" beschrieben, stammt die Erfindung des Alpha-Typs nicht von den Gebrüder Stirling in Schottland. Die Spur führt vielmehr nach Paris an die Akademie der Wissenschaften. Charles Louis Félix Franchot 1809-1881 (Bild rechts) hat dort im Zeitraum von 1840 bis 1853 Varianten des Alpha-Typs patentiert. Wer das Prinzip erfunden hat, geht allerdings

aus diesen Patentschriften nicht hervor. Möglicherweise war es einer der Studenten in Paris, die damals oft nicht in der Lage waren, Patente finanziell zu stemmen.

Solange der Name dieses Mannes nicht gefunden ist, nennen wir diesen Motor Ridermotor, wie es auch in Amerika unter dem Namen Riderengine üblich ist.

Denn der US-Amerikaner Alexander Rider (Bild links) hat als Erster diesen Motor von 1870 an in Massenproduktion (80000 Stück) hergestellt und erfolgreich verkauft. Zusammen mit den 170 000 Stirlingmotorcn existierten circa 250000 Heißluftmotoren bis 1920 weltweit.

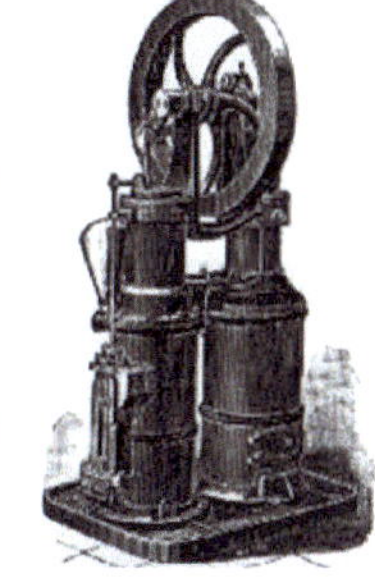

Nach allen Unterlagen scheint es, dass man in Paris zumindest bis 1860 keinen Stirlingmotor kannte. Genauso schwärmte Robert Stirling Zeit seines Lebens vom Verdränger in seinem Motor, ein Bauteil, das allen Alpha-Typen völlig fremd ist.

In der Literatur, über das Internet bis hin zu Hochglanz-Broschüren einiger Firmen werden die beiden Motoren – Stirlingmotor und Ridermotor - immer wieder verwechselt. Das ist aber nicht zuletzt aus urheberrechtlichen Gründen ein unhaltbarer Zustand. Ehre wem Ehre gebührt, schließlich nennt man einen Dieselmotor auch nicht Ottomotor. Bedauerlich und tragisch wird die Verwechslung, wenn eine Firma einen Ridermotor baut, aber den Phasenwinkel wie bei Stirlingmotoren üblich ansetzt (90°), in der irrigen Annahme, der fälschlich „Stirlingmotor nach dem Alpha-Typ" bezeichnete Motor wäre ein Stirlingmotor. Einige Firmen gingen deshalb schon insolvent oder gaben ihr Engagement in Sachen Heißgasmotor auf. Neben dem finanziellen Desaster und den gekündigten Mitarbeitern, bleiben oft verbitterte Kunden zurück, die sich verprellt fühlen. Das alles dient nicht einem guten Ruf des Stirlingmotors.

Wir wollen uns jetzt die Unterschiede zwischen Stirlingmotor und Ridermotor genauer ansehen, denn diese sind nicht klein, wie immer wieder behauptet wird.

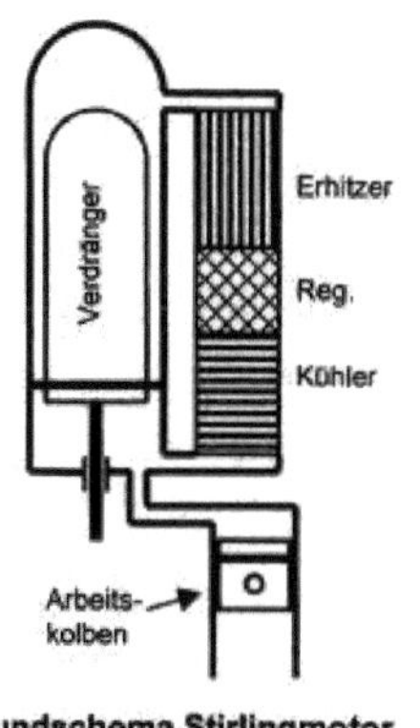

Grundschema Stirlingmotor

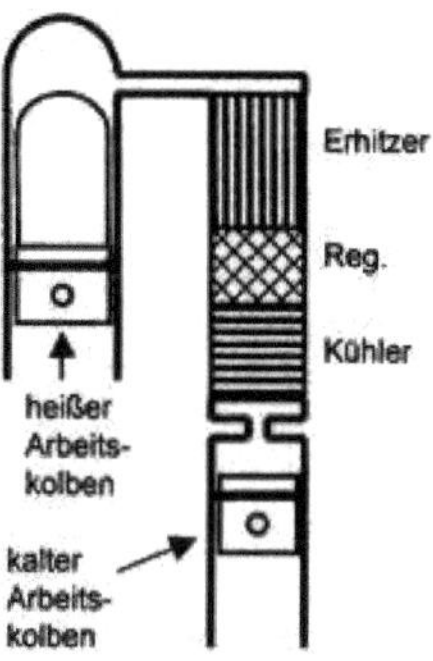

Grundschema Ridermotor

Der Stirlingmotor (Beta- und Gamma-Typ) besitzt einen Arbeitskolben und einen Verdrängerkolben. Der Verdrängerkolben hat die Aufgabe, die Hauptmenge des Arbeitsgases zu erwärmen bzw. abzukühlen. Beide Kolben laufen in Phase.	Der Ridermotor (Alpha-Typ) besitzt <u>keinen</u> Verdrängerkolben, sondern in der Regel nur zwei Arbeitskolben, die den Arbeitsraum begrenzen. Die beiden Arbeitskolben laufen ähnlich wie beim Stirlingmotor in Phase zueinander und schieben sich dabei gegenseitig das Arbeitsgas zu.
Die Druckdifferenz zwischen Ober- und Unterseite des Verdrängerkolbens resultiert nur aus den Strömungswiderständen des Erhitzers, des Regenerators und des Kühlers. Der Verdrängerkolben wird (außer bei der Ringbom-Maschine) immer über ihre Kolbenstange mechanisch angetrieben.	Einer dieser Arbeitskolben befindet sich in dem Zylinder, in dem die heiße Expansion stattfindet. Damit dieser Kolben selbst aber nicht zu heiß wird, kann er einen Dom tragen, der zufällig äußerliche Ähnlichkeiten mit einem Verdränger aufweist. Dieser Heißteilkolben wird aber nicht mechanisch angetrieben, sondern trägt selbst zum Drehmoment des Motors bei.
Das Optimum des Phasenwinkels liegt beim Stirlingmotor bei 55° bei Beheizung mit Erdgas oder Windgas, 70° bei Beheizung mit Holz und 90° bei Niedertemperatur-Anwendungen.	Das Optimum des Phasenwinkels liegt beim Ridermotor bei 105° - 120° bei Beheizung mit Erdgas oder Windgas, 135° bei Beheizung mit Holz und bis zu 170° bei Niedertemperatur-Anwendungen

Der Vorteil des Ridermotors ist die Vermeidung von Totvolumina, wie sie bei Gamma-Stirlingmotoren unvermeidlich sind. Damit erhält der Ridermotor theoretisch eine Leistungsdichte, die des Beta-Stirlingmotors entspricht, bei gleichzeitiger Einfachheit des Kurbeltriebwerkes wie bei einem Gamma-Stirlingmotor. Allerdings gibt es auch zwei Nachteile, die die Leistungsdichte wieder fast auf die Leistungsdichte eines Gamma-Stirlingmotors herabsetzt. Beim Stirlingmotor hatte man die Reibung von einem Kolbenring und die sehr kleine Reibung eines Kolbenstangen-Dichtrings, aber beim Rider hat man die Reibung von zwei vollen Kolbenringen. Der zweite Nachteil ist die thermische Wärmeleitung, die nun zweimal an Druckgefäßwandungen auftaucht, am Heißteilzylinder und am Regenerator-Gehäuse.

Diese Nachteile werden allerdings wieder aufgehoben, wenn die Kolben des Ridermotors doppelwirkend genutzt werden. Rund 20 Jahre bevor Alexander Rider seine erste Motorenproduktion aufnahm, waren solche doppelwirkenden Heißluftmaschinen bereits bekannt. C.L.F. Franchot's letztes Patent 1853 betraf einen Vierzylinder-Motor, der später auch als Siemensmotor bekannt wurde. Sir William Siemens, ein Bruder des deutschen Firmengründer Werner von Siemens zeichnete um 1870 einen solchen Motor mit Taumelscheiben-Getriebe. Zum Siemensmotor später mehr.

Der große Nachteil des Ridermotors gegenüber dem Stirlingmotor, die hohe Reibung aufgrund der zwei vollen Kolbenringe, gibt es beim Siemensmotor jedenfalls nicht mehr, weil die Kolbenringe jetzt doppelt beaufschlagt werden.

Last but not least soll erwähnt werden, dass Ridermotoren mit fremder Energie, meist mit großen Anlassmotoren angefahren werden müssen, während Stirlingmotoren so gebaut werden können, dass sie selbst anlaufen können. Außerdem können Stirlingmotoren Schwungenergie in thermische Energie zurückgewinnen, ohne wie beim Ridermotor die Drehrichtung wechseln zu müssen. Diese Regeneration ist vor allem bei Fahrzeugen, besonders bei Lokomotiven von großem Wert.

Aktuelle Beispiele von Ridermotoren nach dem Siemensprinzip sind der WisperGen aus Neuseeland, der für Segeljachten als Stromaggregat in Serie produziert und der V 4-275R von Kockums der für U-Boote in Schweden eingesetzt wird.

Alle anderen doppelwirkenden Ridermotoren sind Prototypen wie zum Beispiel die Vier- und Sechszylindermotoren von Philips, General Motors, United Stirling, MAN und Ford in den 60-iger und 70-er Jahren sowie in neuerer Zeit die SM34 aus Dänemark.

Das Kolbenverhältnis beim Ridermotor

Bei Ridermotoren wird das Kolbenverhältnisse völlig anders gebildet als bei Stirlingmotoren, indem man nämlich den Phasenwinkel variiert. Fangen wir bei einer extremen Niedertemperatur-Variante an: Wenn der Phasenwinkel fast 180° beträgt (sagen wir 175°), schieben sich die beiden Kolben das Arbeitsgas fast nur noch gegenseitig zu, immer hin und her. Dieses verschobene Volumen entspricht bei Stirlingmotoren dem Hubvolumen des Verdrängers. Die winzige Volumenänderung, die durch die nicht ganz vollständigen 180° (nämlich der 175°) entsteht, entspricht einem sehr kleinen Arbeitskolben-Hubvolumen beim Stirlingmotor. Das Kolbenverhältnis bei 175° entspricht 0,087, was bedeutet, dass wir es hier mit einem Niedertemperatur-Rider zu tun haben.

Der Phasenwinkel von 120° entspricht einem Kolbenverhältnis von 1,5.

Und nun kommen wir zu dem Motor mit einem Phasenwinkel von 90°, wie ihn die meisten Ridermotoren besitzen, weil er leicht zu bauen und auszuwuchten ist. Dieser Phasenwinkel entspricht einem Kolbenverhältnis von 2,8. Eine Kraft-Wärme-Kopplung mit Pellets-Feuerung ist mit einem solchen Motor zwar physikalisch machbar, aber nicht wirtschaftlich, weil der Motor kaum über den Leerlauf hinauskommt.

Doch wie errechnen wir ein Kolbenverhältnis beim Ridermotor?

Obwohl es keinen Verdränger gibt und eine doppelte Anzahl von Arbeitskolben, können wir ein Kolbenverhältnis bestimmen. Wir müssen dazu generalisieren:

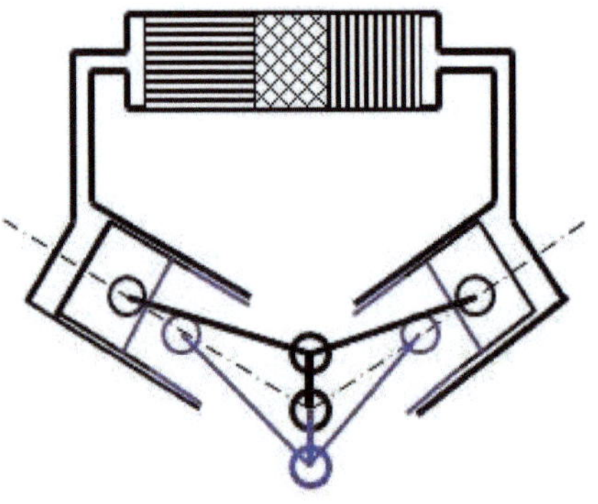

Das Hubvolumen des Arbeitskolbens beim Stirlingmotor wird ersetzt durch das Differenzvolumen im Arbeitsraum (maximales Arbeitsvolumen minus minimales Arbeitsvolumen) des Ridermotors.

Das Verdränger-Hubvolumen eines Stirlingmotors kann auch als das Gasvolumen angesehen werden, das die mittlere Ebene des Regenerators durchstreicht. Da es beim Ridermotor ebenfalls dieses Swept-Volumen gibt, kommt es bei der Rechnung in den Nenner.

Damit bekommen wir folgende neue Gleichung für das Kolbenverhältnis heraus:

Das Kolbenverhältnis bei Ridermotoren ist gleich dem Differenzvolumen im Arbeitsraum dividiert durch das Swept-Volumen in Regenerator

Im Zähler benötigen wir ausgehend von der oberen Skizze die Beziehung 2xcos(alpha/2). Das Swept-Volumen ist beim Ridermotor klein und geht linear mit alpha/180 in die Rechnung ein.

Die Formel lautet:

$$KV = \frac{2 \times \cos(alpha / 2)}{alpha / 180}$$

Diese Formel als Diagramm zeigt die folgende Kurve:

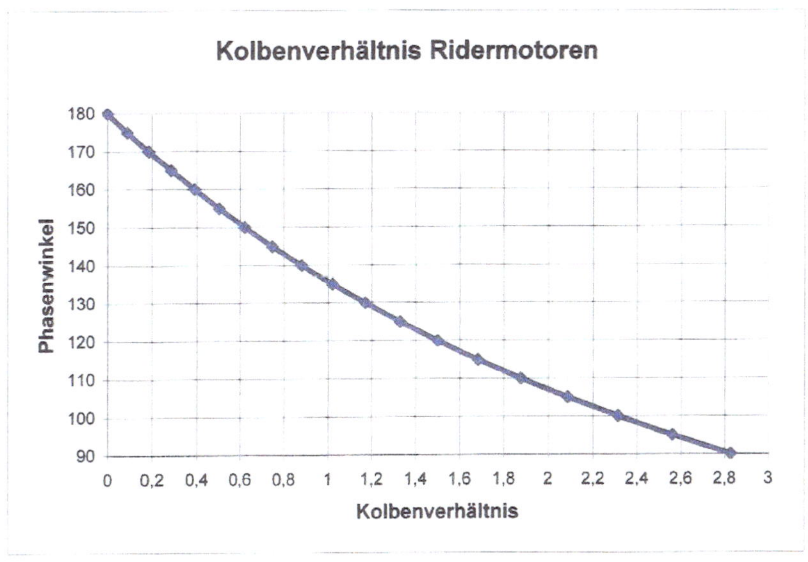

Es fragt sich allerdings, ob diese theoretische Formel in der Praxis wirklich zur Berechnung von Anwurftemperaturen herangezogen werden kann. Demnach müssten nämlich bei einem 90°-Ridermotor die Anwurftemperaturen über 800°C liegen. Aber in Wirklichkeit können sie schon mit 650°C angeworfen werden. Woran dies liegt, muss noch näher ergründet werden. Möglicherweise kann beim Ridermotor die Formel $KV = TV_{an}-1$ (siehe Kapitel „Das Kolbenverhältnis") nicht angewandt werden.

Wie dem auch sei, für Ridermotoren mit fossilen Brennstoffen oder Windgas oder gar Biomasse-Feuerungen mit ihrem hohen CO_2-Anteil sind beide Temperaturen (über 800°C und 650°C) viel zu hoch! Und dies sind ja lediglich die Anwurf-Temperaturen. Für Ridermotoren mit fossilen Brennstoffen oder Windgas sind 120° Phasenwinkel, und für Ridermotoren mit Schwachgas sind 140° Phasenwinkel angebracht.

Die Auswuchtung des Ridermotors

Die Auswuchtung eines 120°-Ridermotors ist denkbar einfach. Wir können sie von dreistufigen Kompressoren übernehmen. Diese haben zwischen dem linken und dem rechten Zylinder 120°. Hier setzen wir unsere beiden Kolben an. In der Mitte konstruieren wir einen Blindkolben oder falls wir einen internen Kompressor benötigen einen kleinen Kompressor mit zusätzlichem Gewicht, so dass alle drei bewegten Teile gleich schwer sind. Die Unwucht von einem dieser drei Teile müssen wir mit 2 multiplizieren und diese Unwucht auf das rotierende Gegengewicht anwenden.

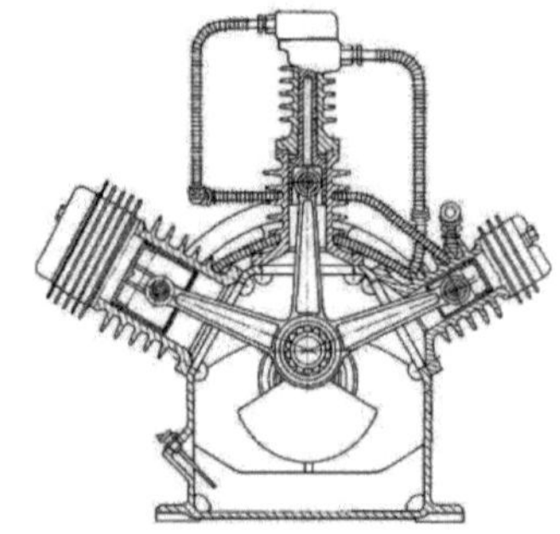

Für 140° Phasenwinkel ist eine Auswuchtung schwieriger. Dieser Motor würde aber auch andere Nachteile haben (z.B. zwei Kolbenringe bei wenig Drehmoment), so dass es ratsamer wäre, einen Stirlingmotor oder Siemensmotor zu bauen.

Der Siemensmotor

Der gedankliche Werdegang von einem Rider- zu einem Siemensmotor ist folgender:

Man ersetze den kalten Tauchkolben durch eine Kolbenscheibe mit Kolbenstange und führe das Arbeitsgas, das vom Kühler kommt, statt <u>auf</u> den Kolben, <u>unter</u> diesen Kolben, versehe diesen Kolben mit einem Dom und füge ein weiteres Wärmetauscherpaket dazu und einen weiteren Kolben, und so weiter, bis eine sternförmige Anordnung entsteht. Solche Sternmotoren würden tatsächlich funktionieren, aber die Punkte für die Beheizung liegen sehr weit

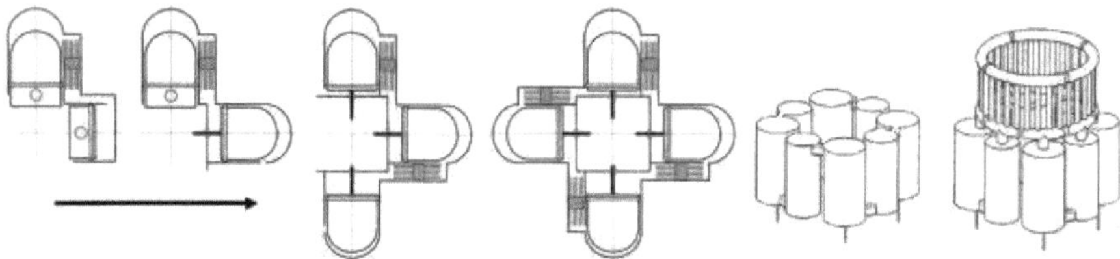

auseinander. Klappt man nun den ganzen Stern zusammen, etwa wie es eine Blume mit ihren Blütenblättern am Abend macht, dann kann man alle vier Heißteil-Wärmetauscher mit einer einzigen Flamme beheizen (von links nach rechts).

Meist wurden solche vier Zyklusräume mit vier doppelbeaufschlagten Kolben gebaut.

Aber wie sieht es mit andern Zylinder-Anzahlen aus? MAN hat in den 70-er Jahren einen 6-Zylinder-Siemensmotor gebaut, der mehr als 250kW geleistet hat. Welche Zylinder-Anzahl wäre für die Biomasse-Verbrennung geeignet?

Bei welcher Zylinder-Anzahl wird ein Kolbenverhältnis von 0,72 und ein Phasenwinkel von 140° erreicht?

Um diesen zwei Fragen nachzugehen, müssen wir uns den Übergang vom Ridermotor zum Siemensmotor noch einmal genauer anschauen.

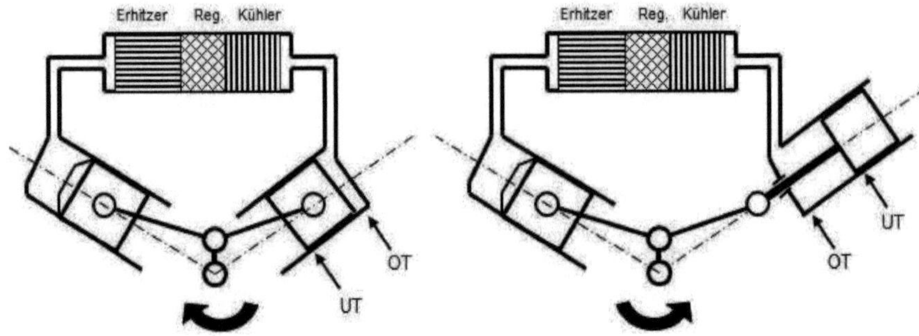

Durch das Verlegen des Kühleranschlusses auf die Rückseite des rechten Arbeitskolbens, werden die Totpunkte im Kompressi-

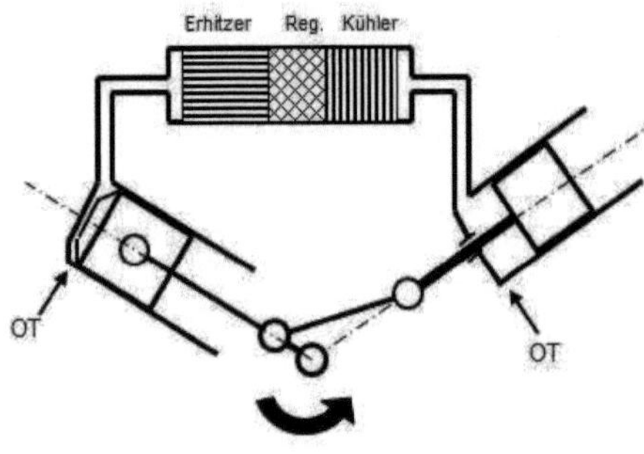

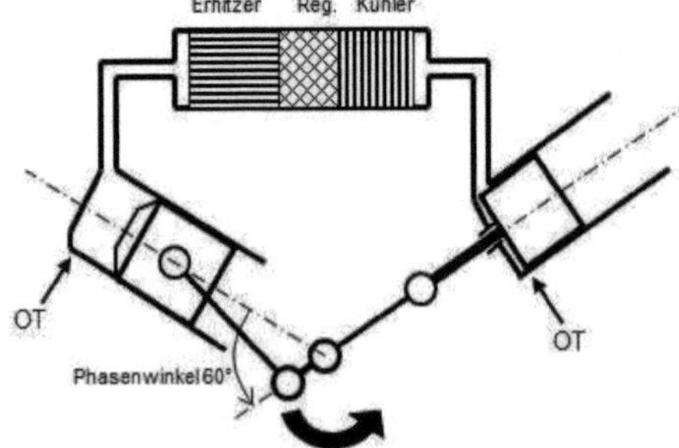

onsraum „umgepolt". Zweitens kehrt sich die Drehrichtung des Motors um. Drittens trennt sich der Zylinderachs-Zwischenwinkel vom Phasenwinkel: Rechts war ein Motor für fossile Brennstoffe mit 120° Zylinderachs-Zwischenwinkel und 120° Phasenwinkel skizziert, links haben wir zwar immer noch einen 120° Zylinderachs-Zwischenwinkel aber die beiden OT´s folgen nun in 60° Phase, wie die linke Doppel-Skizze zeigt.

Dasselbe gilt auch für die beiden UT`s, auf deren Darstellung hier jedoch verzichtet werden soll. Auch sie folgen in 60°-Phase.

Ein Ridermotor mit 60° Phasenwinkel können wir aber gar nicht gebrauchen. Seine Anwurf-Temperatur läge sicher weit über 1200°C. Für Hochtemperatur-Anwendungen mit fossilen Brennstoffen benötigen wir 120° Phasenwinkel. Tatsächlich müssen wir dazu jetzt den Zylinderachs-Zwischenwinkel auf 60° setzen, für 130° Phasenwinkel dann spiegelbildlich 50° Zylinderachs-Zwischenwinkel und für unseren Biomotor mit 140° Phasenwinkel schließlich 40° Zylinderachs-Zwischenwinkel. Das Diagramm un-

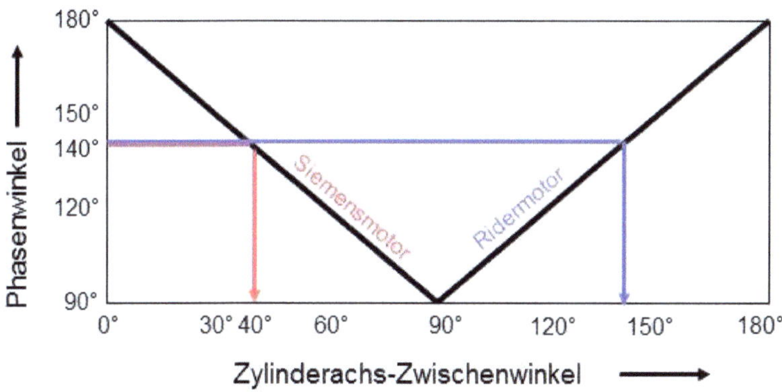

ten veranschaulicht die symmetrische Situation.

Kommen wir zum spannenden Resultat:

360° (ein Kreis von Zylindern im Siemensmotor) dividiert durch 40° Zylinderachs-Zwischenwinkel ergibt 9 Zylinder!

Motoren mit derart vielen Zylindern sind wahrscheinlich erst ab 100kW wirtschaftlich. Aber ein solcher Siemensmotor würde mit 250°C angeworfen werden können und ab 530°C seine volle Wirtschaftlichkeit erzielen.

Sicher fragt es sich, wie ein solcher am Schreibtisch konzipierte Motor mit 9 Zylindern verwirklicht werden kann, die Getriebemechanik, die Auswuchtung usw. usw.

Einfacher wäre hier ein 8-Zylindermotor, der immerhin noch bei 280°C anzuwerfen wäre. Man könnte hier auch zwei nebeneinander laufende 4-Zylinder–Siemensmotoren wie es beim dänischen Motor SM 38 verwirklicht wurde benutzen, beide Systeme in sich auswuchten, die Kurbelwelle zwischen den beiden Systemen um 45° verdrehen und dann jeden Zylinder des einen Systems mit einem entsprechenden Zylinder des anderen Systems gashydraulisch verbinden, so dass immer Phasenwinkel von 135° herauskommen. Ein solcher Motor würde möglicherweise weit mehr Leistung besitzen, wie die 70 kW des SM 38 heute und dabei ruhig und stabil laufen, auch wenn mal kurz Hackschnitzel mit höherem Wassergehalt in die Verbrennung geraten.

Diesen Motor kann der Hackschnitzelmotor der Zukunft werden! – jedenfalls was die Heißgasmotoren über 100 kW angeht. Bei der Leistungsklasse unter 100 kW wird wahrscheinlich kein Rider- oder Siemensmotor, sondern der Stirlingmotor mit einem KV von 0,72 und einem Phasenwinkel um die 70° zielführend sein.

Der beliebte 4-Zylinder-Siemensmotor ist es jedenfalls nicht!!!

Siemensmotor für Erdgas / Windgas

Siemensmotoren, die mit Erdgas oder Windgas betrieben werden, benötigen einen Kurbelzwischenwinkel von 60°, besitzen im Kreis also 6 Zylinder. Die Anwurf-Temperatur liegt dann bei ca. 350°C, die Betriebstemperatur bei 650°C. In den 60-iger Jahren wurde ein solcher Siemensmotoren von MAN gebaut. Er war mit 350 kW der leistungsstärkste Heißgasmotor, der je gebaut wurde. Die sechs Zylinder standen dabei alle in Reihe.

Platzsparender wäre eine Anordnung mit zwei Reihen zu je drei Zylinder (ähnlich wie in Bild rechts). Dabei liegt die Kurbelwelle als Exzenterwelle in der Mitte. Sechs Pleuel gehen von den Exzentern zu sechs Querhebel, die je einer nach recht, einer nach links,  über sechs Anlenkpleuel mit den Kolben in Verbindung stehen.

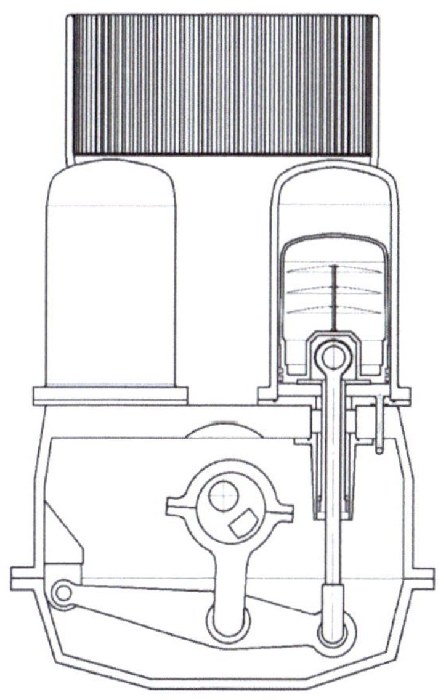 Der Schnitt links (eine erste Skizze) zeigt diese Anordnung. Wegen der platzsparenden, zweireihigen Bauweise kann man die sechs Röhrchen-Erhitzer als gesamten, ringförmigen Käfig aufbauen.

Die Kolben sind nach unten hin mit einem angeflanschten Rohr verschraubt, an dessen Ende sich ein Kolbenring und eine Bandage befinden. Auf diese Weise ist eine drucktechnische Trennung zwischen Arbeitsraum und Gehäuse möglich.

Das Wälzlager im Kolben macht nur noch eine sehr kleine Winkelbewegung. Hier könnte man ein spezielles Zylinderrollenlager entwickeln, dessen Zylinderrollen zu „Kuchenstücken" geschliffen worden sind. So bekommt man statt 4 Linienberührungen, z.B. 40 Linienberührungen und damit eine erheblich höhere Tragzahl. Dieses Lager kann nicht nachgeschmiert werden und muss es auch nicht, wenn es während der Montage gut eingefettet worden ist, und zwar auch zwischen den partiellen Zylinderrollen. Die Viskosität des Fettes sollte dabei sehr hoch sein.

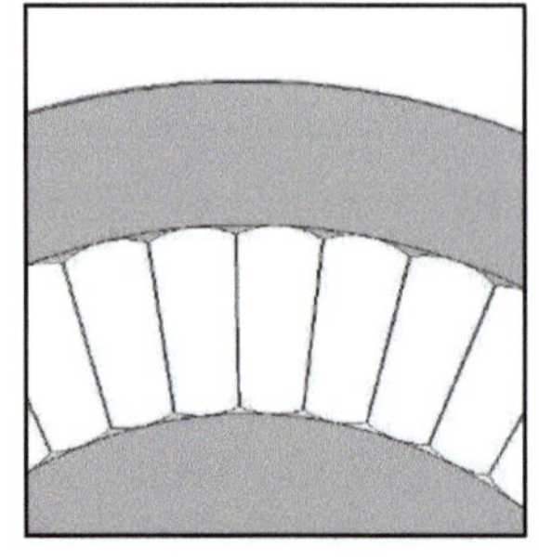

Eine Besonderheit dieses Getriebes ist seine Auswuchtung. Diese hängt alleine davon ab, in welcher Reihenfolge die sechs Exzenter zueinander stehen. Es gibt 120 mögliche Variationen.

Bei zwei davon rotiert die Unwucht. Als Ausgleich kann man unter und über dem Siemensmotor eine Achse anbringen, die 90° zur Welle steht und die zwei entsprechende Ausgleichsgewichte in einem extra Gehäuse rotieren lässt (siehe Pfeile).

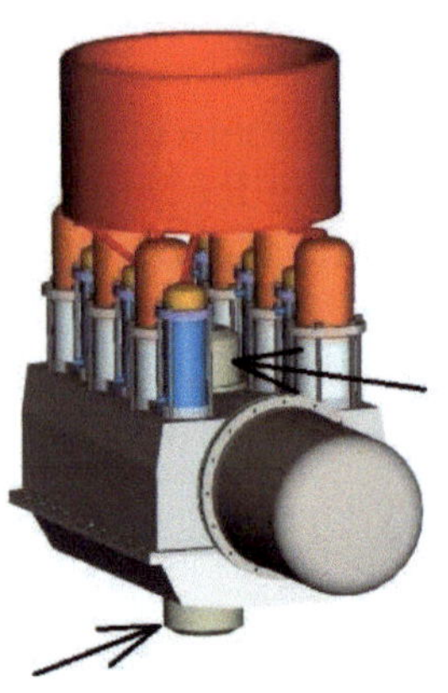

Bei zwei anderen der 120 möglichen Variationen heben sich die Unwuchte der Kolbenbewegungen gegenseitig auf. Wählt man eine dieser beiden Variationen, braucht man keinerlei weitere Maßnahmen mehr für die Auswuchtung ins Auge zu fassen. Auf der Schautafel links wird die grün umrahmte Variation ausgewählt, mit der die Darstellung dann unten und rechts weitergeht.

Der rote Kreis symbolisiert den Erhitzerkäfig. Neben den sechs Zylindern sind auch sechs kleinere Zylinder zu sehen. In ihnen sind die Kühler und Regeneratoren untergebracht.

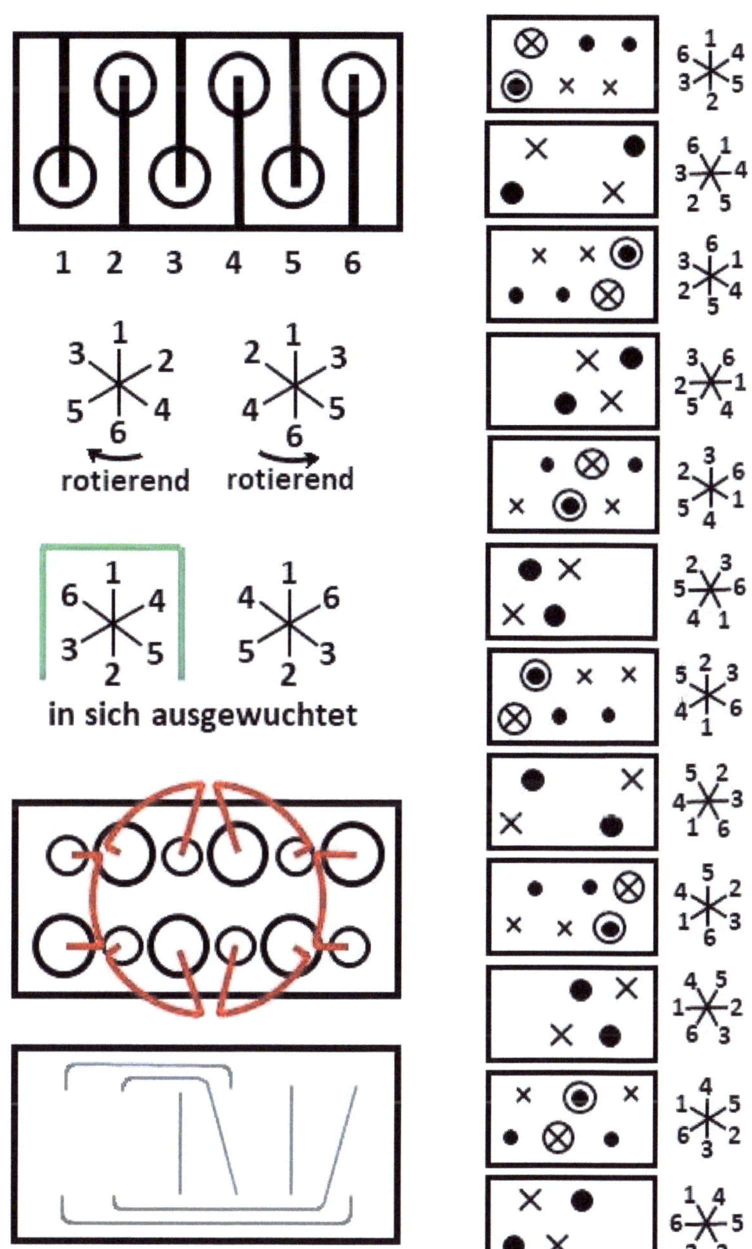

1 2 3 4 5 6
rotierend
rotierend
in sich ausgewuchtet

Auf der vorherigen Seite ist die Auswuchtung in zwölf Schritten zu je 30° dargestellt. Der Kreis mit Punkt bedeutet oberer Totpunkt, Kreis mit X bedeutet unterer Totpunkt. Großer Punkt: 30° vom oberen Totpunkt entfernt, kleiner Punkt:60° vom oberen Totpunkt entfernt. Großes X: 30° vom unteren Totpunkt entfernt, kleines x: 60° von unterem Totpunkt entfernt.

Damit liegt auch fest, wie die Zylinder gastechnisch miteinander verbunden werden müssen. Diese Verbindungen zwischen den Kompressionsräumen und den Kühlern sollten zweckmäßiger Weise unter der oberen Platte installiert werden (in der Schautafel unten links angedeutet). Im kalten Zustand üben die langen Wege für das Helium erst bei über 10.000 U/min eine Bremswirkung aus, wenn die inneren Durchmesser der Stahlrohre ein Fünfzehntel bis

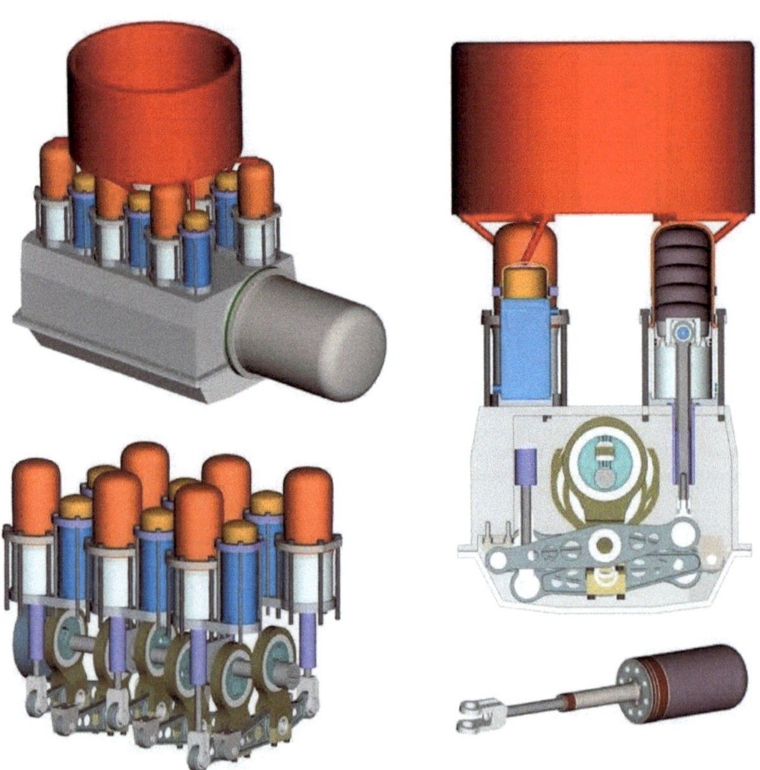

ein Zwanzigstel der Kolbendurchmesser besitzen. Auf diese Weise haben wir ein relativ kleines Totvolumen und zumindest ein wenig Sicherheit gegen Durchgehen.

Bei der Montage kann das Getriebe als Ganzes in das Gehäuse eingesetzt werden. Dann werden die Zylinder mit den Kolbenstangen eingefädelt und die Kolbenstangen mit dem kleinen unteren Teil, der Gabel, verschraubt (Mutter nicht dargestellt). Dann werden die Zylinder, Thermopakete und der ringförmige Erhitzer über die Kolben gestülpt und am Gehäuse verschraubt. Schließlich wird der Generator angeflanscht und die Haube des Generators am Gehäuse verschraubt. Dann wird der Motor auf den Kopf gedreht und die Bewegungsabläufe getestet. Abschließend kommt eine Flach-Dichtung und der Deckel auf das Gehäuse. Danach wird der Motor wieder umgedreht und mit Helium befüllt.

Dieser kompakte Motor könnte ganz real in Backup-Kraftwerken Verwendung finden. Er benötigt keine Regelung und sein Generator dient als Anlassmotor.

Die folgenden Motoren haben dagegen eher akademischen Wert und werden hier nur der Vollständigkeit halber vorgestellt.

Der Franchot-Motor

Der Franchot-Motor ist wenig bekannt. Das liegt daran, dass er in der Form, wie er von seinem Erfinder Charles-Louise-Félix Franchot patentiert wurde, zwei Probleme aufweist. Zum einen entsprechen die Bewegungsabläufe denen eines Ridermotors mit 90° Phasenwinkel. Hier hatten wir schon festgestellt, dass dieser erst mit 650°C angeworfen werden kann und erst mit über 900°C wirtschaftlich laufen würde, was bei normaler Beheizung nicht möglich ist. Und zweitens geht eine der Kolbenstangen durch eine heiße Zylinderwand. Mit den Materialien des 19. Jahrhunderts konnte man keinen solchen Motor bauen. Der Aufbau des Motors sieht aber denkbar einfach aus: Zwei Zylinder und zwei Kolben. Die Kolben laufen in 90°-Phase zueinander. Es sind zwei Systeme vom Alpha-Typus.

Es gab einige Versuche, auf dieses Patent aufzubauen, letztlich scheiterte es immer an den hohen Temperaturen, die die 90° Phasenwinkel verlangen, weil es sich um einen Alpha-Typ handelt.

Aber es wäre durchaus möglich, dass ein solcher Motor schon bei 350°C anläuft und dann mit erheblichem Drehmoment bei 500° betrieben werden könnte, wenn man statt der 90° einen Phasenwinkel von 120° ansetzen würde. Im Folgenden ist diese Möglichkeit skizziert.

3-Doppel-Zylinder-Franchot-Motor

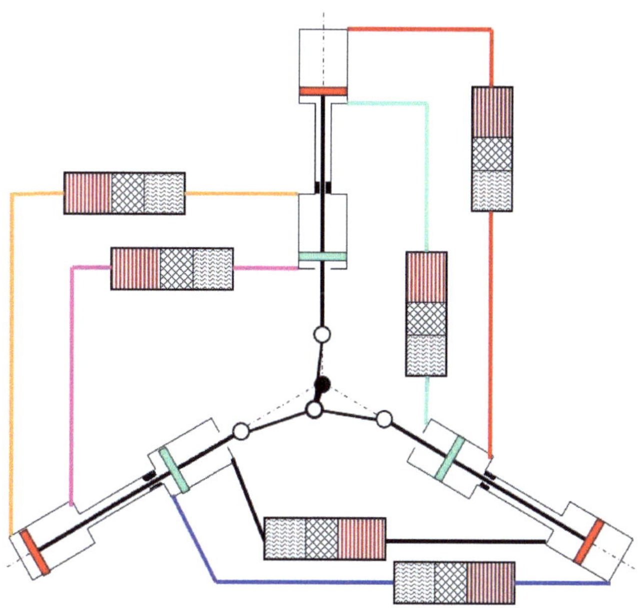

Der Joulemotor

Der Joule- oder Brayton-Kreisprozesss besteht aus zwei adiabaten und zwei isobaren Zustandsänderungen. James Prescott Joule (1818-1889) und George Brayton (1830 – 1892) gelten als die Erfinder. Die Idee zu diesem Kreisprozess dürfte aber auf John Barber (1734 – 1801) zurückgehen. Er beschrieb bereits 1791 eine Gasturbine mit innerer Verbrennung, wie bei allen heutigen Gastrubinen. Stationäre Gasturbinen und die Flugzeugturbine nutzen dabei die zwei adiabaten Zustandsänderungen und die isobare Erhitzung.

Die isobare Abkühlung geschieht in diesen offenen Systemen außerhalb der Maschine in der Atmosphäre.

Ersetzt man den Brennraum der Gastrubine durch einen Hochtemperatur-Wärmeübertrager (unten Heizleitung genannt), so entfallen die Abgase an der Expansionsturbine und man kann stattdessen einen Expansionskolben benutzen. Ersetzt man auch die Kompressionsturbine durch einen Verdichterrkolben, so erhält man den Joulemotor.

Der Joulemotor ist also das Herzstück des Joule- oder Brayton-Kreisprozesss. Er beinhaltet zwei Kolben, einen Verdichterkolben und einen Expansionskolben.

Funktionsweise:

1. Über ein Rückschlagventil wird Luft angesaugt. Der Verdichterkolben fährt dabei in Richtung des Getriebes. Es wird kaum Drehmoment aufgewendet.

2. Der Kolben bewegt sich vom Getriebe weg. Die Luft wird verdichtet. Das aufgewendete Drehmoment steigt, bis der Druck in der Heizleitung erreicht ist. Das zweite Rückschlagventil öffnet sich und die restliche Hubbewegung schiebt die Luft in die Heizleitung.

3. Die verdichtete Luft wird in der Heizleitung auf möglichst hohe Temperaturen gebracht. Dabei strömt sie vom Verdichterkolben zum Expansionskolben.

4. Durch ein fremdgesteuertes Ventil gelangt die Luft in den Expansionszylinder, wobei der Druck den Expansionskolben vor sich her drückt. Nach circa der Hälfte des Hubes schließt das Ventil und die Luft entspannt sich bis zum Totpunkt des Kolbens. Während dieses Hubes wird ein Drehmoment an der Kurbelwelle erzeugt.

5. Durch ein zweites, fremdgesteuertes Ventil wird die entspannte
    Luft aus dem Expansionszylinder ausgeblasen. Dabei wird
    kaum ein Drehmoment aufgewendet.

Die Funktionsweise kann man auch wie folgt zusammenfassen:

Das bei der Expansion erzeugte Drehmoment muss größer sein
als das aufgewendete Drehmoment bei der Verdichtung, dem Ansaughub und dem Ausblashub zusammengenommen.

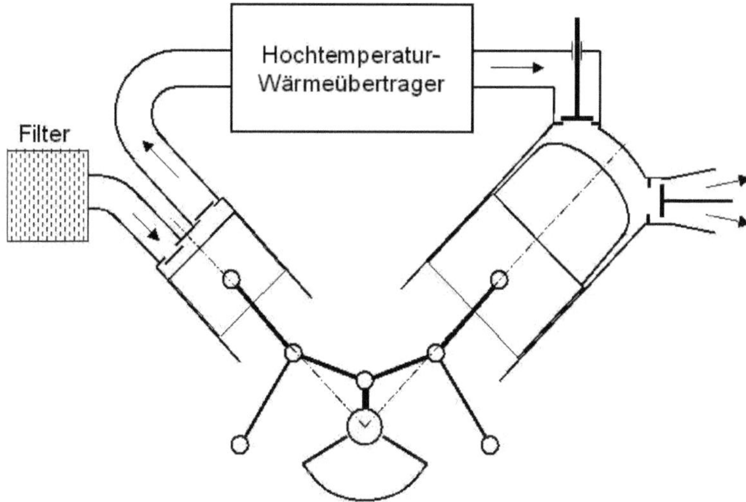

Verantwortlich dafür, dass der Motor funktioniert, ist die größere Fläche des Expansionskolbens gegenüber der Fläche des Verdichterkolbens. Soll der Motor nur im Leerlauf betrieben werden,
genügt ein Temperaturverhältnis (in Kelvin), das diesem Flächenverhältnis entspricht. Soll der Motor Leistung bringen, so muss das
Temperaturverhältnis größer sein als das Flächenverhältnis.

Um den Wirkungsgrad zu verbessern, führt man die heiße Luft,
die aus dem Expansions-Zylinder ausgestoßen wird, durch einen
Wärmeübertrager und wärmt dort die komprimierte Luft vor, be-

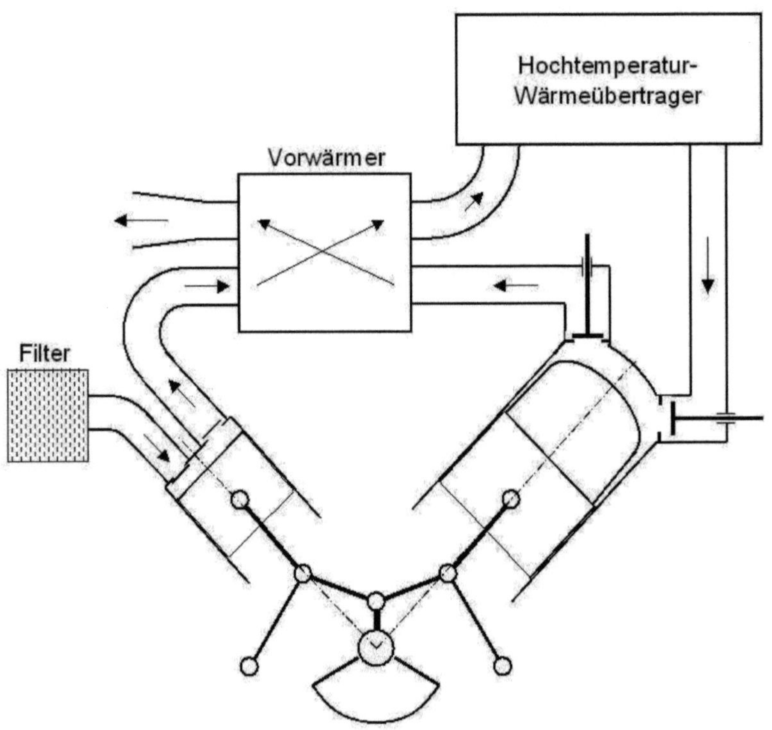

vor sie in den Hochtemperatur-Wärmeübertrager kommt. Die Wärmemenge, die dort dann noch zugeführt werden muss, reduziert sich entsprechend.

Um den Kreisprozess zu schließen, das heißt um nicht in die Atmosphäre auszublasen und von dort wieder neue Luft ansaugen zu müssen, kann die Luft in einem weiteren Rohr aufgefangen und mit einem Wärmeübertrager auf Umgebungstemperatur abgekühlt werden. Bei einem solchen geschlossenen Kreislauf sind statt Luft auch andere, bessere Gase vorstellbar. Außerdem kann dann der Ausgangsdruck erhöht werden, so dass es denkbar ist, dass das Leistungsgewicht an moderne Explosionsmotoren herankommt.

Um den Wirkungsgrad noch weiter zu steigern, ist es vorstellbar, dass es mehrere Kompressionsstufen gibt, und zwischen ihnen zwischengekühlt wird. Auf der anderen Seite expandiert man ebenfalls in mehreren Stufen und heizt dazwischen das Gas mit weiteren Hochtemperatur- Wärmeübertragern auf. Es ist denkbar, dass diese Stufen mit Stufenkolben realisiert werden, so dass der Motor sehr kompakt wird.

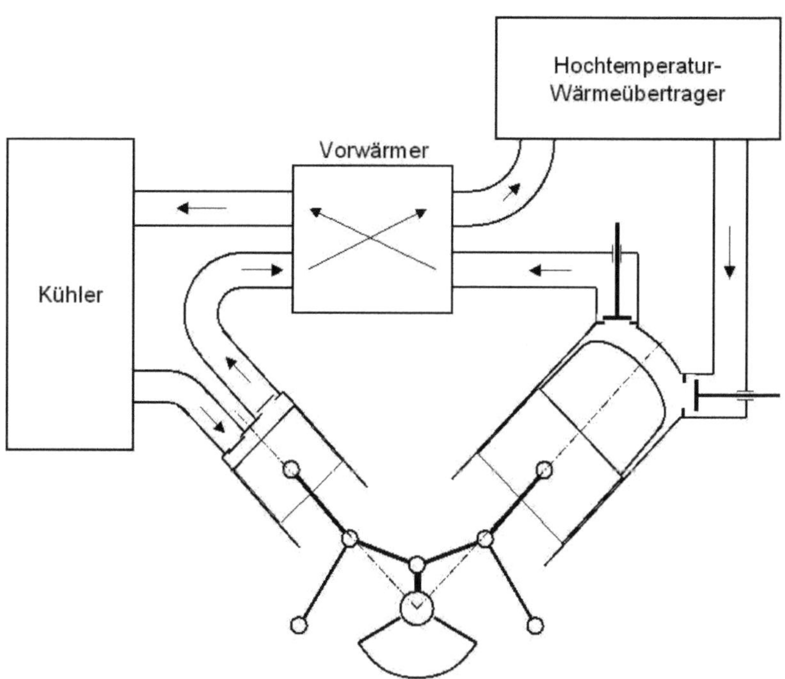

Moderne trockenlaufende und querkraftentlastete Joulemotoren wären Schnellläufer und müssten unbedingt ausgewuchtet werden. Um eine gute Auswuchtung zu erreichen, kommen als Bauformen der V-Motor; der Boxermotor und bei carnotisierten Varianten umfangreiche Reihenmotoren in Frage. Bei mehreren Paaren von Kompressions- und Expansionszylindern (Mehrsystemmotor) benötigt nicht jedes System seine eigene Heizleitung, sondern es kann ein und dieselbe Heizleitung genutzt werden.

Gegenüber den anderen Heißgasmotoren hat der Joulemotor den Vorteil, dass die Heizleitung beliebig großvolumig und sehr lang sein kann. Das gleiche gilt für den Kühler, umso größer, umso besser. Damit eignet er sich besonders gut für solarthermische Kraftanlagen mit Parabolrinnen-Konzentrator!

Eine besondere Herausforderung sind die Ventile am heißen Expansions-Zylinder, die mit langen Schäften für den Temperaturabbau ausgerüstet werden müssen. Bei jeder Inbetriebnahme benötigt man einen Kompressor (und damit Fremdenergie), der in der Heizleitung einen Überdruck erzeugt.

Der Ericssonmotor

Der Ericssonmotor wurde von John Ericsson (1803-1889) erfunden. Er beinhaltet wie der Joulemotor einen Kompressionskolben und einen Expansionskolben, besitzt aber wie Stirling- und Ridermotoren einen Regenerator und außerdem noch ein Dreiwege-Ventil. Wie beim Joulemotor läuft der Betrieb zwischen zwei adiabaten und einer isobaren Zustandänderung ab. (In der Literatur findet man gelegentlich die Beschreibung einer isothermen Expansion. Aber der Motor läuft zu schnell für eine isotherme Expansion). Der Regenerator gab immer wieder Anlass zu Spekulationen, dass der Wirkungsgrad höher als bei der Joulemaschine anzusetzen wäre. Aber dies ist nicht bewiesen. Möglich wäre dies jedoch mit der zusätzlichen Einbringung eines Erhitzers zwischen dem Regenerator und dem Expansionskolben. Die folgende Funktionsbeschreibung beinhaltet bereits dieses Element.

Funktionsweise:

1. Über ein Rückschlagventil wird Luft angesaugt. Der Verdichterkolben fährt dabei in Richtung des Getriebes. Es wird kaum Drehmoment aufgewendet.

2. 2Der Kolben bewegt sich vom Getriebe weg. Die Luft wird verdichtet. Das aufgewendete Drehmoment steigt, bis der Druck in der Überleitung zum Dreiwege-Ventil erreicht ist. Das zweite Rückschlagventil öffnet sich und die restliche Hubbewegung schiebt die Luft in die Überleitung zum Dreiwege-Ventil.

3. Die verdichtete Luft wird über das Dreiwege-Ventil in den Regenerator geleitet, in der sie vorgewärmt wird. Danach wird sie im Erhitzer nachgewärmt. (Ursprünglich wurde die Luft nur am Boden des Expansionszylinders nachgewärmt). Die Luft dehnt sich aus und schiebt dabei den Expansionskolben Richtung Getriebe. Nach circa der Hälfte des Hubes schließt das Ventil und die Luft entspannt sich bis zum Totpunkt des Kolbens. Während dieses Hubes wird ein Drehmoment an der Kurbelwelle erzeugt.

4. Das Dreiwege-Ventil schaltet um, so dass der Weg der Luft aus dem Expansionszylinder in die Atmosphäre frei wird. Die entspannte Luft wird aus dem Expansionszylinder über den Regenerator ausgeblasen, wobei sie den Regenerator erneut aufwärmt. Beim Ausblasen wird kaum ein Drehmoment aufgewendet.

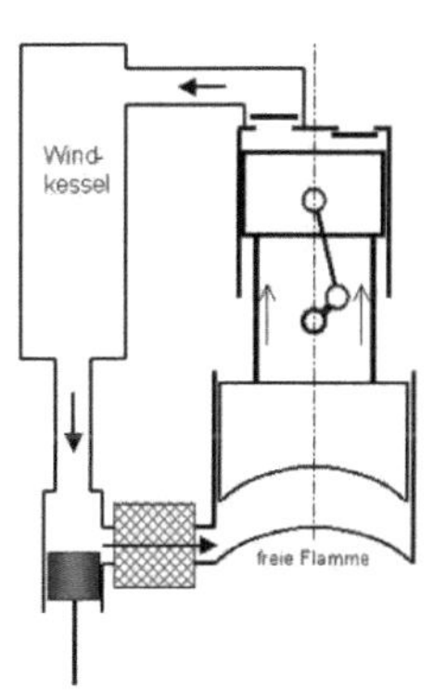

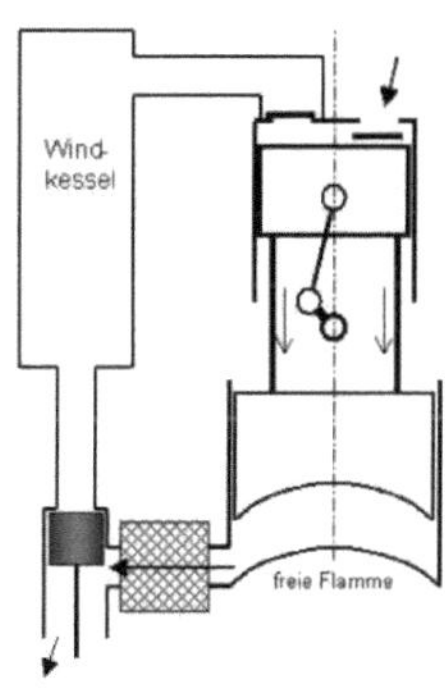

Um den Kreisprozess zu schließen, das heißt um nicht in die Atmosphäre auszublasen und von dort wieder neue Luft ansaugen zu müssen, kann die Luft in einem weiteren Rohr aufgefangen und mit einem Wärmeübertrager auf Umgebungstemperatur abgekühlt werden. Bei einem solchen geschlossenen Kreislauf sind statt Luft auch andere, bessere Gase vorstellbar. Außerdem kann dann der Ausgangsdruck erhöht werden, so dass es denkbar ist, dass das Leistungsgewicht an moderne Explosionsmotoren herankommt.

Die Funktionsweise kann man auch wie folgt zusammenfassen: Das bei der Expansion erzeugte Drehmoment muss größer sein als das aufgewendete Drehmoment bei der Verdichtung, dem Ansaughub und dem Ausblashub zusammengenommen.

Verantwortlich dafür, dass der Motor funktioniert, ist die größere Fläche des Expansionskolbens gegenüber der Fläche des Verdichterkolbens. Soll der Motor nur im Leerlauf betrieben werden, genügt ein Temperaturverhältnis (in Kelvin), das diesem Flächenverhältnis entspricht. Soll der Motor Leistung bringen, so muss das Temperaturverhältnis größer sein als das Flächenverhältnis.

Der Ericssonmotor besitzt zwar Ventile, aber diese Ventile werden im Gegensatz zum Joulemotor thermisch kaum belastet.

Mögliche Bauformen und Herausforderungen:

Moderne trockenlaufende und querkraftentlastete Ericssonmotoren wären Schnellläufer und müssten unbedingt ausgewuchtet werden. Um eine gute Auswuchtung zu erreichen, kommen als Bauformen der V-Motor; der Boxermotor und Reihenmotoren in Frage.

Die Herausforderung beim Ericssonmotor liegt in der hohen Temperatur am Expansionskolben. Seine Kolbenringe müssen wie bei jedem Arbeitskolben in einem wassergekühlten Zylinder arbeiten, sonst ist die Lebensdauer dieser Ringe viel zu gering. Denkbar wäre es, wie beim Ridermotor einen Dom aus Edelstahl mit internen Strahlungsblechen auf den Expansionskolben zu montieren.

Damit wäre der Expansionskolben vor zu hohen Temperaturen geschützt.

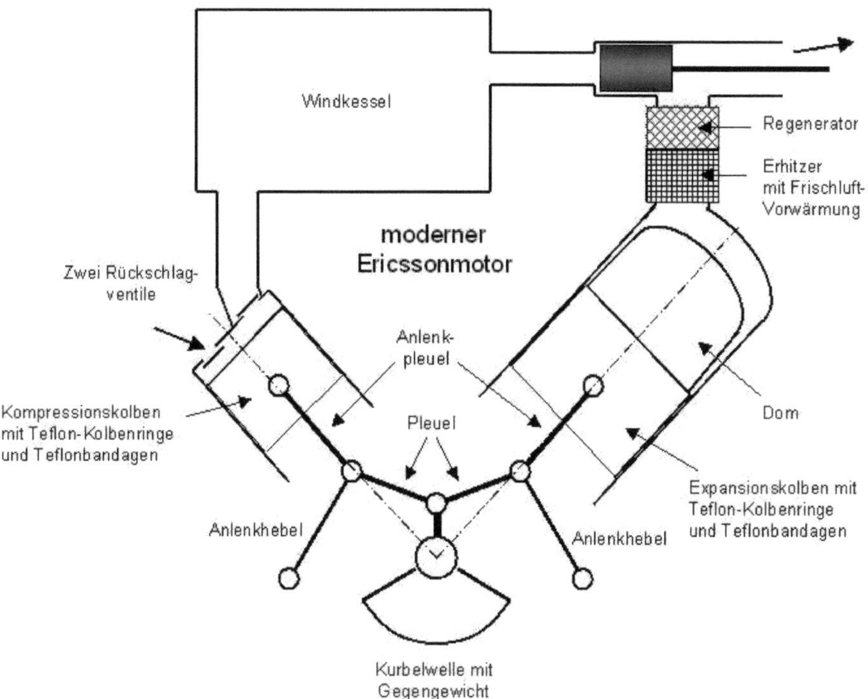

Der Mansonmotor

Der Mansonmotor wurde 1952 von A.D. Manson erfunden. Er beinhaltet nur einen Kolben, der allerdings gestuft ist. Dieser Stufenkolben fungiert als Verdrängerkolben und Arbeitskolben gleichermaßen. Über seitliche Schlitze oder Bohrungen wird (ähnlich wie beim Zweitakter Ottomotor) an den Totpunkten Luft von außen angesaugt und ausgeblasen. Der Mansonmotor läuft in beiden Drehrichtungen. Thermodynamisch besitzt der Mansonmotor zwei Zustandsänderungen, die einem negativen Isentropen-Koeffizienten gleichkommen. Dazwischen gibt es keine isochore bzw. isotherme Zustandsänderungen, sondern diese werden durch die punktuellen „Atmungen" des Motors ersetzt.

Michael Ruppel aus München hat im Jahr 2000 den Mansonmotor noch vereinfacht. Statt der zentralen Rohrleitung durch den Kolben versetzte er den Auspuffweg ins Gehäuse und auch der Einsaugweg durch den Kolben wurde vereinfacht. Beim Doppelmotor unten wird noch eine weitere Variation des Mansonmotors vorgeschlagen. Wichtig ist lediglich, dass in den beiden Totpunkten der Arbeitsraum kurz mit der Umgebung kurzgeschlossen wird.

Der Mansonmotor ist bisher nicht über das Stadium des Experimentalmodells hinausgekommen.

Funktionsweise:

1. Der Kolben läuft Richtung Getriebe. Dabei strömt Luft am Ringspalt des großen Kolbenteils vorbei in den heißen Teil. Das Volumen im kalten Teil verkleinert sich, während das Volumen im heißen Teil zunimmt. Da immer mehr Luft heiß wird, nimmt der Druck zu. Der Überdruck schiebt den kleineren Teil des Kolbens durch die Zylinderbuchse, wodurch der Motor angetrieben wird. Kurz vor dem unteren Totpunkt wird der höchste Druck erreicht.

2. Am unteren Totpunkt wird kurz der Weg zwischen Arbeitsraum und Atmosphäre frei. Der Überdruck entweicht. Wenn der Gasweg danach wieder geschlossen ist, befindet sich Normaldruck im Arbeitsraum. (Auf Grund der Massenträgheit der Luft im Auspuffkanal ist es sogar vorstellbar, dass es zu einem leichten Unterdruck kommt.)

3. Der Kolben läuft vom Getriebe weg. Dabei strömt Luft am Ringspalt des großen Kolbenteils vorbei in den kalten Teil. Das Volumen im heißen Teil verkleinert sich, während das

Volumen im kalten Teil zunimmt. Da immer mehr Luft kalt wird, nimmt der Druck ab (Richtung Vakuum). Der Unterdruck saugt den kleineren Teil des Kolbens durch die Zylinderbuchse, wodurch der Motor ein zweites Mal angetrieben wird. Kurz vor dem oberen Totpunkt wird der höchste Unterdruck erreicht.

4. Am oberen Totpunkt wird kurz der Weg zwischen Arbeitsraum und Atmosphäre frei. Der Unterdruck „entweicht" (Es wird Luft von außen angesaugt). Wenn der Gasweg danach wieder geschlossen ist, befindet sich Normaldruck im Arbeitsraum. (Auf Grund der Massenträgheit der Luft im Einsaugkanal ist es sogar vorstellbar, dass es zu einem leichten Überdruck kommt.) Danach beginnt der Zyklus von vorne.

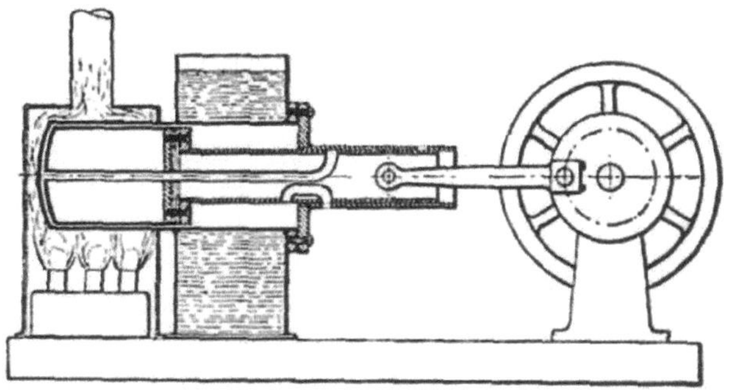

Die Funktionsweise kann man auch wie folgt zusammenfassen:

Das Temperaturverhältnis zwischen der heißen und der kalten Seite (gemessen im Motor) muss größer sein als das Flächenverhältnis des Stufenkolbens, damit die oben erwähnten Druckerhöhungen bzw. Unterdruckerzeugungen stattfinden und der Motor ein Drehmoment abgibt.

Die Massenträgheit der

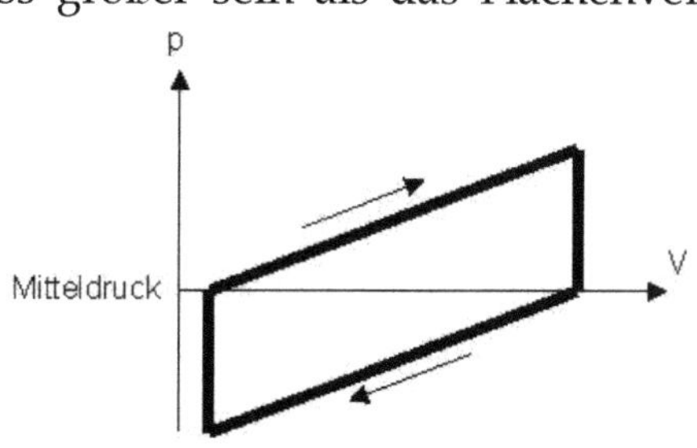

203

Luft in den Kanälen kann den Effekt der Druckerzeugung bzw. des Unterdruckaufbaus erhöhen, so dass das Drehmoment des jeweils nächst anstehende Hubes eine Aufbesserung erfährt.

Vorteil:

Der Mansonmotor besitzt keine Ventile.

Erhöhung des Wirkungsgrades und der Leistung:

Durch die Regeneration am Ringspalt, gibt es im Auspuff des Ruppelmotors keine heißen Gase. Dadurch müsste er gegenüber dem Mansonmotor von 1952 vom Wirkungsgrad her überlegen sein.

Den Ringspalt kann man wie bei einem Stirlingmotor durch externe Kühler, Regenerator und Erhitzer ersetzen, während man am großen Kolbenteil einen schlaff gespannten Kolbenring vorsieht, wie beim Kolbenring eines Verdrängerkolbens.

Der Mansonmotor ist ein offener Motor. Es wäre aber natürlich denkbar, das Triebwerk mitsamt der Einsaug- und Auspuff-Öffnungen in ein Gehäuse zu legen und dieses mit Überdruck und z.B. Helium aufzuladen. Dabei müsste man dieses Gehäuse aktiv kühlen.

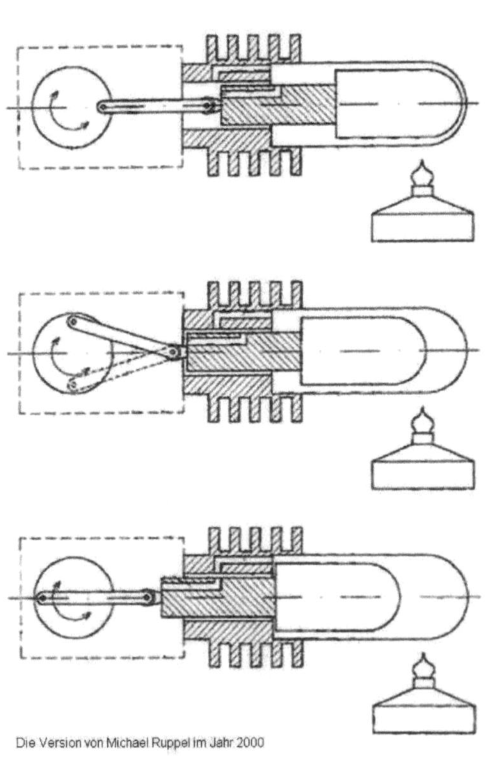

Die Version von Michael Ruppel im Jahr 2000

Wenn der Motor nach Luft „schnappt" und wenn er am anderen
Totpunkt den Überdruck ruckartig ausstößt, werden wertvoll auf-
gebaute Drücke einfach abgelassen. Dies ist gleichbedeutend mit
einer Verpuffung von Energie. Deshalb ist es nicht vorstellbar, dass
der Mansonmotor vom Wirkungsgrad her an die anderen Heißgasmotoren herankommt. Außerdem dürften sie wegen den plötzlichen Gasbewegungen lauter sein, als andere Gasmotoren, allerdings nicht so laut wie Motoren mit innerer Verbrennung.

Mögliche Bauformen:

Moderne trockenlaufende und querkraftentlastete Mansonmo-
toren wären Schnellläufer und müssten unbedingt ausgewuchtet
werden. Um eine gute Auswuchtung zu erreichen, kommen als
Bauformen der einfache Motor mit Boxer-Gegenmasse, der Zwei-
system-V-Motor (siehe unten); und Mehrsystem-Reihenmotoren in
Frage.

Das Gehäuse wäre druckbeaufschlagt und müsste aktiv gekühlt
werden. Das Arbeitsgas kann Stickstoff oder Helium sein.

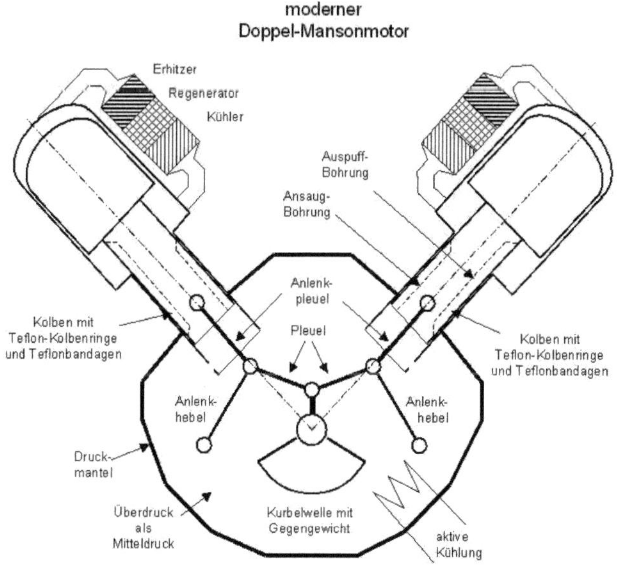

Stichwortverzeichnis mit Seitenzahl